# 星座，我们一起去发现

## Find the Constellations

〔美〕H.A.雷 著　尹楠 译

南海出版公司

献给学生玛利亚，我最爱的一颗星。

新经典文化股份有限公司
www.readinglife.com
出　品

很少有人能把一颗星星与另一颗区分开来。大多数人能区分橡树和枫树，或是松鸡和啄木鸟，即使啄木鸟并不常见。但那些在晴朗夜空常见的星星，对我们来说仍然是个谜。

当然，了解它们并非难事。早在5000年前，牧羊人就对星空有所了解，他们认识星星和星座——他们甚至没有读写能力——你当然也可以。

了解一些星星的知识大有益处，至少可以让你在仰望闪亮星空时，享受到更多乐趣。如果你对太空旅行感兴趣，就必须了解它们。

本书将在这方面助你一臂之力。它会教你识别不同的星星，找到能在我国中部和北部（约北纬40度）看到的星座。这是一本不受时间限制、居家出行都可以用到的书。它向你展示星空的模样，就像夜间从巨大的天文台窗口望出去一样。首先，你借助这些“星空图”逐一识别星星和星座，然后就可以到户外，在真正的夜空中找到这些星星和星座。不久之后，你就可以在自家后院随心所欲地与星星自在相处了。

现在，我们开始享受快乐的观星之旅吧！

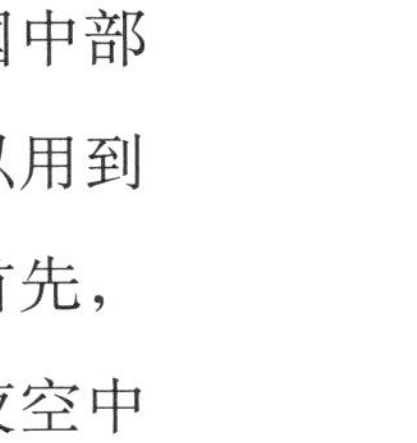

# 目　录


| | |
|---|---|
| 北斗七星 | 6 |
| 大熊座 | 7 |
| 牧夫座 | 8 |
| 狮子座 | 9 |
| 亮星与暗星 | 10 |
| 星星也有名字 | 11 |
| 双子座 | 12 |
| 猎户座 | 13 |
| 光　年 | 14 |
| 测　试 | 18 |
| 测　试 | 22 |
| 星空图 | 24 |
| 冬季星空 | 27 |
| 北极星，北方之星 | 30 |
| 黄道十二宫星座 | 34 |
| 春季星空 | 37 |
| 仙女座的传说 | 40 |
| 猎户座的传说 | 42 |
| 夏季星空 | 45 |
| 每天4分钟 | 48 |
| 秋季星空 | 51 |
| 户外观星 | 54 |
| 行　星 | 56 |
| 太阳系 | 57 |
| 太阳和行星 | 58 |
| 借助星星游太空 | 60 |
| 从月球上看地球和星星 | 62 |
| 宇宙飞船飞向火星 | 63 |
| 星空概图 | 71 |

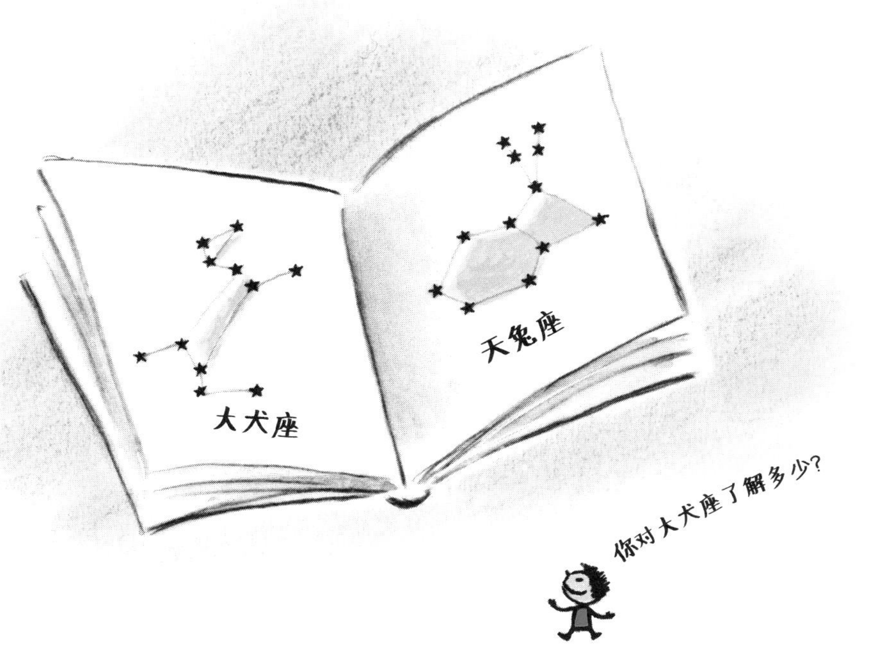


夜幕降临，星星一个个出现在夜空，天空突然变成了一本巨大的画册。仰望星空，你可以看到狮子、鲸鱼、鹰、天鹅、狗、野兔和其他许多图画，当然，前提是你知道怎么找到它们。

这些画都是由星星组成的，寻找它们是一个充满乐趣的游戏。我们从一幅你可能听说过或看过的图画开始这个游戏吧，它就是北斗七星。

# 北斗七星

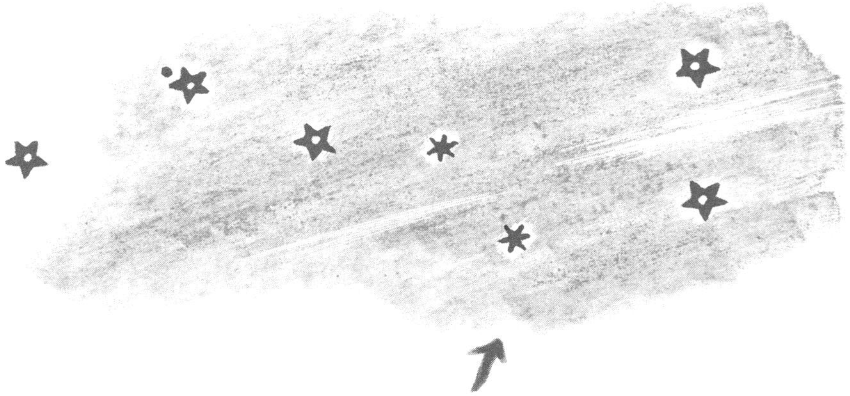

在夜空中，北斗七星看起来是这样的——一组 7 颗闪亮的星。你知道怎么把它们变成一把长柄勺吗？只需要这样在邻近的星星之间画一些线条，就可以得到一把

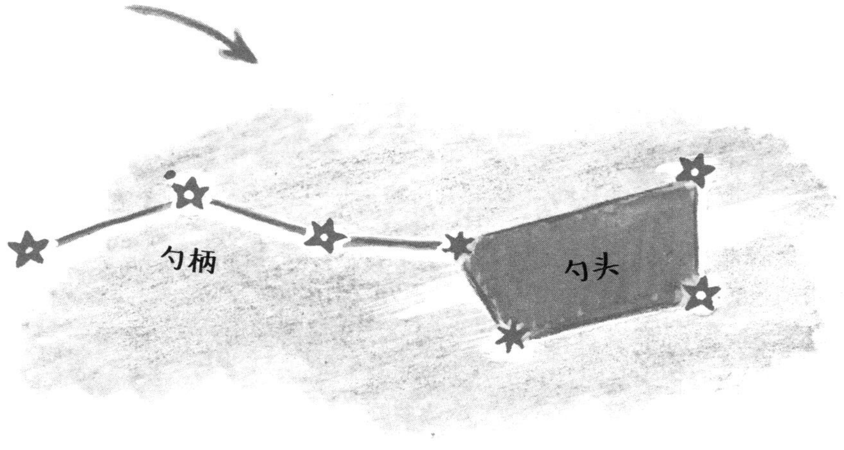


带柄的勺子。两幅图中的星星一模一样，你可以对比着看！但下面一幅图中的连线可以帮助我们看出形状。再仔细看看上面一幅图，没有连线，你还能看出那把勺子吗？

# 大熊座

接下来，我们要寻找大熊座。北斗七星旁边有一组这样的星星：

这样看起来不怎么像熊，对吗？看看我们连上线后会变成什么样。当然，这些线不是随便画的，而要以正确的方式连起来。这样就变成了一只熊！

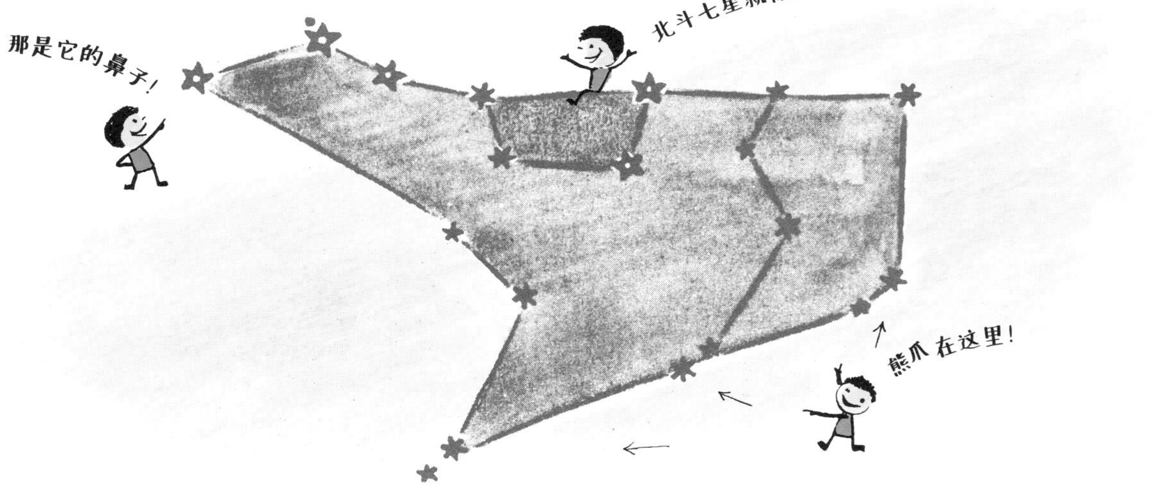


这就是大熊座，它是一个星座。星座是天空中组成各种形状的一组星星，人们在数百年前赋予它们不同的名字。北斗七星是大熊座的一部分。

# 牧夫座

大熊座不远处有另一个星座——牧夫座，它看起来是这样的：

这只是一些星星

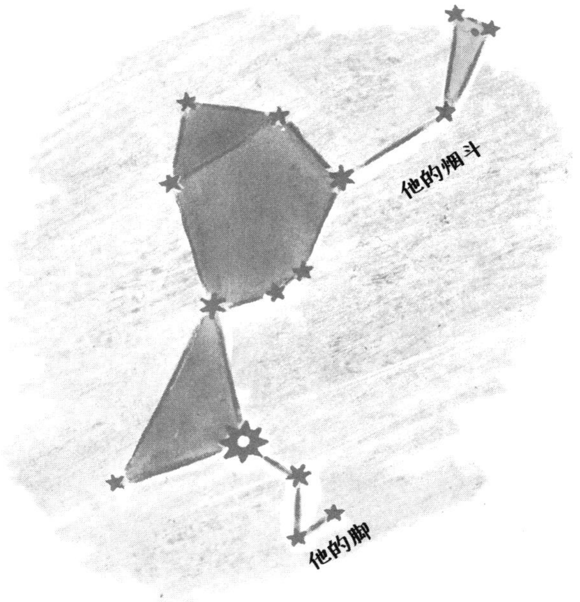


但这就是一幅图画

这是一个长着大脑袋的男人，正坐着抽烟斗。你能发挥想象力以连线的方式将左边的星星描绘成一个牧夫吗？如果不能，就拿一张描图纸罩着，用铅笔将那些线条连起来试试看。

# 狮子座

下面是另一个星座，狮子座，在我们连上线之前它是这样的：

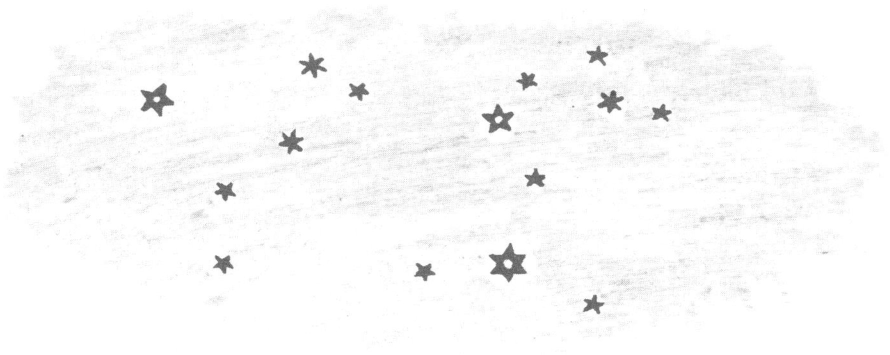

现在它是一只相当不错的火柴棒狮子：

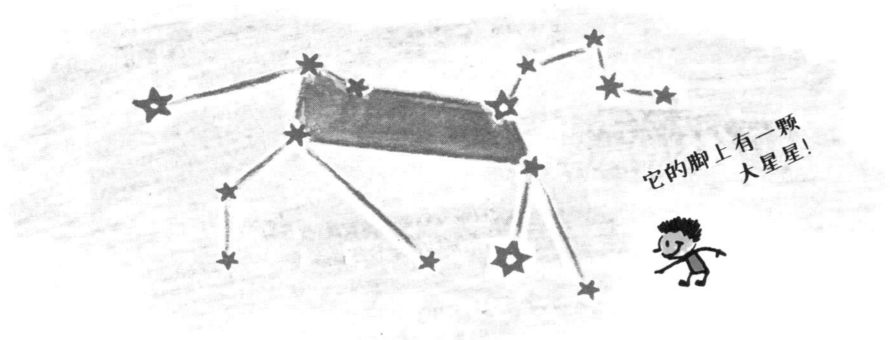


你能看到它的尾巴、身子、头和 4 条腿吗？遮住下面的图，你能在上面的图中“看到”这个形象吗？努力试一试，一定可以看到。

还有，你发现这几页图中的星星不一样了吗？有些星星比较大，有些比较小，还有一些中等大小。翻开下一页，我们就知道原因了。

# 亮星与暗星

我们不能把书里的星星画成一个样子，因为夜空中真正的星星并不是一模一样的。有的星星闪闪发光，有的没那么亮，还有一些星星看起来非常暗淡。今晚就仰望星空吧，看看每颗星星有多么不同。

要想在夜空中寻找一个星座，先找到那些最亮的星星，接着找不那么亮的，这是最简单的方法。从本书列举的星座中，你可以看到哪些星星比较亮，哪些比较暗，哪些亮度适中。

根据不同的亮度，星星也有“等级”之分。这些等级被称为“星等”。最亮的星星被称为“一等星”。稍逊一筹的被称为二等星，然后是三等星、四等星，非常暗的星星则属于五等星。我们在这本书里对星座中不同星等的星星采用了不同标识，可以参考下面的图例：

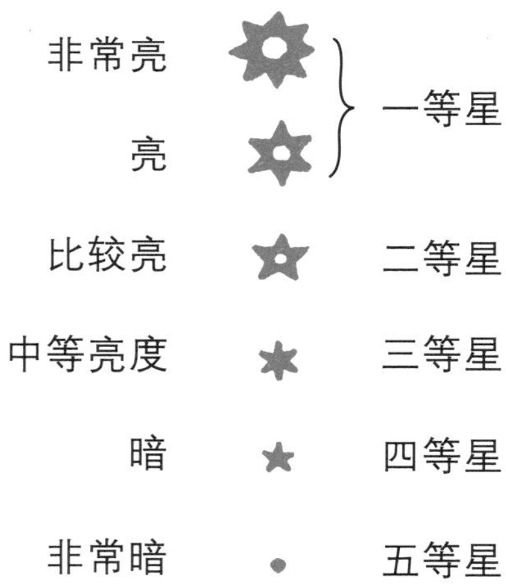

# 星星也有名字

最亮的星星都有名字，就像那些高楼大厦和山峰有自己的名字一样。牧夫座中最亮的星名叫大角星（又称为牧夫座 α 星），而狮子座中最亮的星名叫轩辕十四（又称为狮子座 α 星）。

记住最亮的星星的名字是个不错的主意，而且简单易行，因为最亮的星星数量不多。在北天空，只有 15 颗一等星。我们会逐一认识它们。

大多数星星以拉丁文、希腊文或阿拉伯文命名，所以，有些名字听起来十分有趣。比如，一颗星星叫 Betelgeuse。这个单词的发音就像“beetle juice”（甲壳虫果汁）。不过，它可不是什么给甲壳虫喝的果汁。这是阿拉伯文，意思是“巨人的肩膀”。我们一会儿就能见到这颗星星。

接下来，让我们认识更多星座。

星座也有
拉丁文的名字吗？
当然！你可以
在术语表中找到。

# 双子座

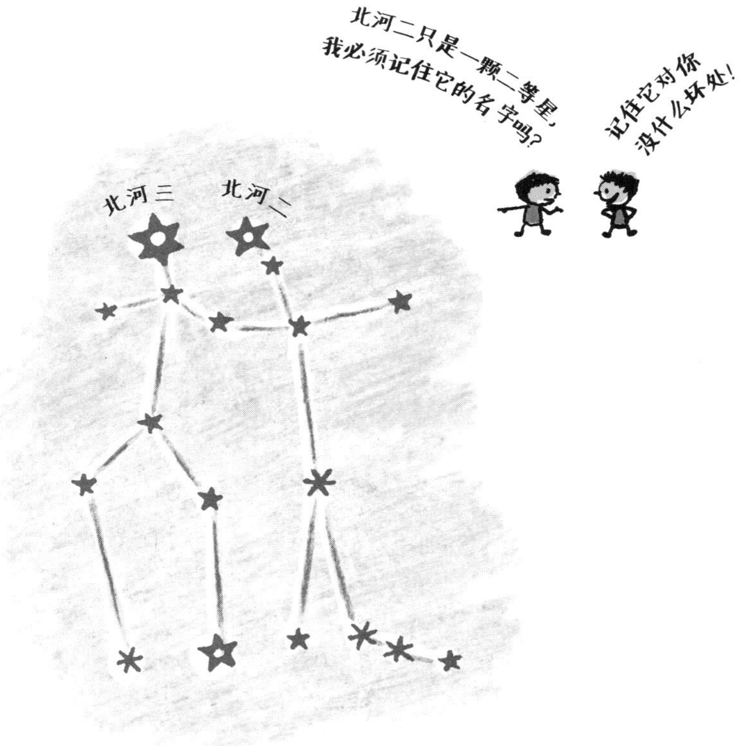


左边是组成双子座的星星，右边是它的模样：两个手牵手的火柴人，每个小人的头上都有一颗亮星，右边的是北河二（又称为双子座 α 星），左边的是北河三（又称为双子座 β 星）。你能说出这一组星星的星等吗？

双子座是黄道十二宫星座之一，第 9 页提到的狮子座也是。黄道十二宫是我们能看到各个行星的那部分天空。所以，黄道十二宫对于那些对太空旅行感兴趣的人来说非常重要。后面我们会了解更多有关黄道十二宫和行星的知识。

# 猎户座

这个星座以希腊神话人物俄里翁（Orion）命名，他是古希腊的猎人，也是一名战士。星座的轮廓正像一个手握长棍和盾牌、腰悬利剑的战士。猎户座的腰带由 3 颗排列成一线的亮星组成，这也是冬季星空的标志，也许你早就知道了。

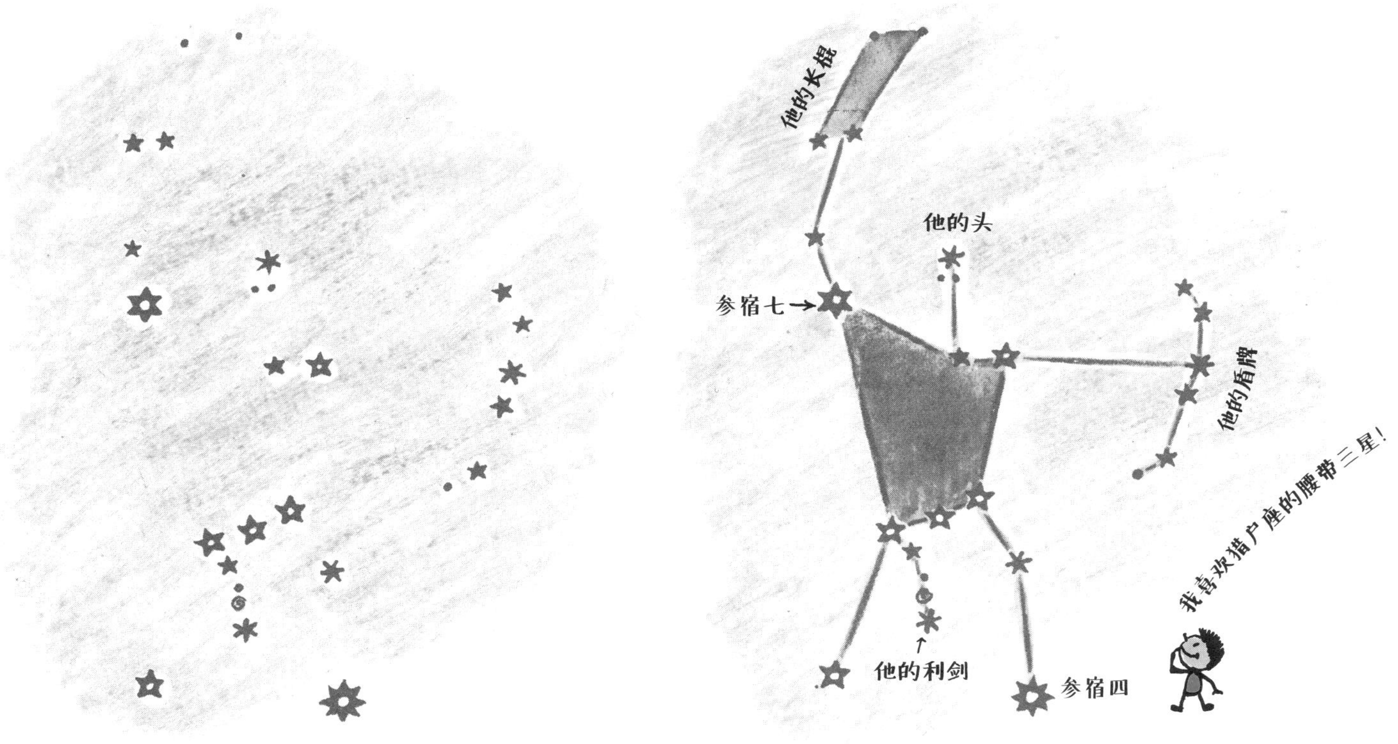


猎户座比其他星座拥有更多亮星。其中有两颗一等星：参宿四（还记得吗？又称为猎户座 α 星）和参宿七（又称为猎户座 β 星）。参宿七是一颗蓝超巨星，它的大小超过太阳的 70 倍，光度大约是太阳的 55000 倍。但在夜空中，它的光芒微乎其微，因为它距离我们非常遥远：足有 860 光年。接下来，我们认识一下什么是光年。

# 光　年

一开始就要声明，光年并不是“年”，而是“距离”，是光在一年中走过的距离。

光是传播速度最快的事物，每秒钟能走 30 万千米，一年大概可以飞越 94608 亿千米。用数字表示为 9460800000000 千米。这些“0”大概很多人都难以数清。更简单的说法或写法就是“1 光年”，比写一长串的千米数容易多了。

如果我们说参宿七距离我们 860 光年，也就是说，它发出的光需要 860 年才能到达这里。在哥伦布发现美洲之前，参宿七的光就开始了穿越太空、接近我们的漫长旅程。如果我们驾驶一艘以光速行驶的宇宙飞船，从地球飞到参宿七也需要 860 年。

我们没有这样的飞船。即将离开地球的航天火箭也只有每秒 8 千米的速度。与光速相比，简直慢如蜗牛。

航天火箭：速度约 8 千米 / 秒　　光：速度约 30 万千米 / 秒

宇宙中的星星距离地球都十分遥远，所以我们通常用光年来丈量。

我们知道的其他星星并不像参宿七那么遥不可及。大角星距离就只有 32 光年，轩辕十四为 80 光年，北河三为 34 光年，北河二为 51 光年，参宿四为 640 光年。

只有一颗星星离我们非常近，近到不需要用光年计算。它距离我们“仅有”1.5 亿千米，它的光到地球大约只需要 8 分钟。你认识这颗星星，它就是太阳。

正如你在夜空中看到的其他星星一样，太阳也是一颗星星：包括太阳在内，我们看到的所有星星都是炽热气体组成的巨大球体，每个都距离我们几亿甚至几万亿千米。它们看起来不像太阳那么大、那么亮，只是因为它们离我们太遥远了。一栋房子、一棵树或一座山从远处看也比从近处看要小得多，我们看星星也是这个道理。

这样的距离很难视觉化，但至少可以让你有一个大致的概念：如果我们把地球到太阳的距离设想成 1 厘米，而不是 1.5 亿千米，同等比例下，1 光年就相当于 631 米，那么天空中距离我们最近的天狼星（在下页我们就会认识它）就只有 5424 米了。

我们还是继续说星座吧。

从现在起，我们不需要用连线再次描绘星座图了。你肯定已经领会了连线的意义。

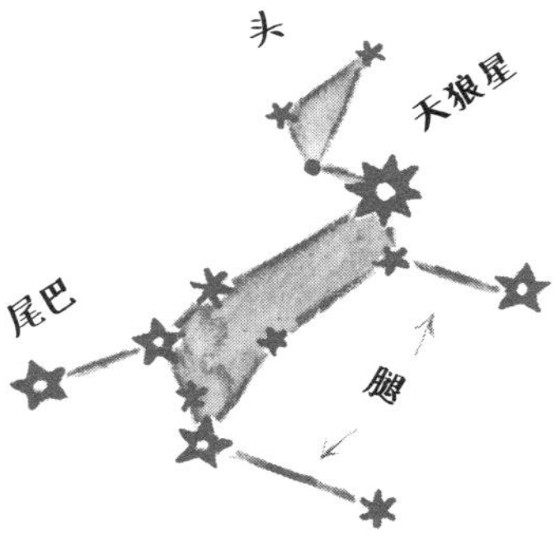


这就是大犬座，它有一个明显的特征：拥有夜空中最亮的一等星天狼星（也称为大犬座 α 星）。天狼星如此耀眼，你不可能错过的。它距离我们只有 8.6 光年，比在地球上大多数地方看到的星星都要近。

还有一个小犬座，仅由两颗星星组成，没有什么特别之处，顶多看起来像只小狗的尾巴。但其中的南河三（又称为小犬座 α 星）是一颗一等星，非常夺目，令人过目不忘。南河三距离我们“仅有”11 光年。对于宇宙中的星星来说，这真不算远。

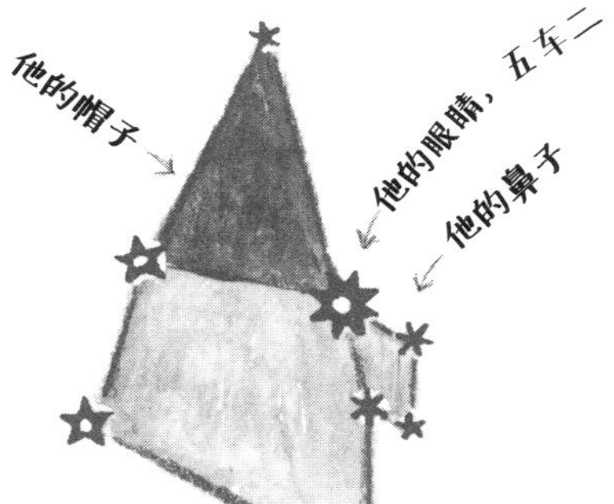


这是御夫座，驾驭双轮战车的人。他看起来很强壮，当然应该如此，因为双轮战车可是用于战斗的马车。他的眼睛是一颗非常明亮的星星，一等星五车二（又称为御夫座 α 星），距离我们 42 光年。

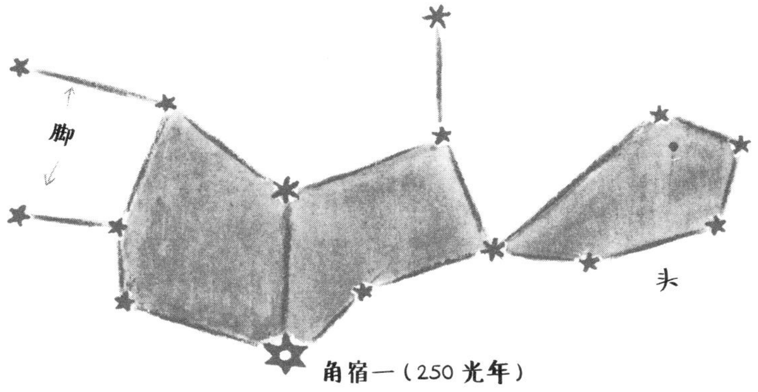


室女座（就是处女座）看起来像一个躺着的女人，她头部较大，穿着一条短裙。室女座只有一颗亮星：一等星角宿一（又称为室女座 α 星）。在第 39 页你会发现，她的头恰好在狮子座尾巴下面。也许因为很害怕，她举着一只手臂，做防御状。

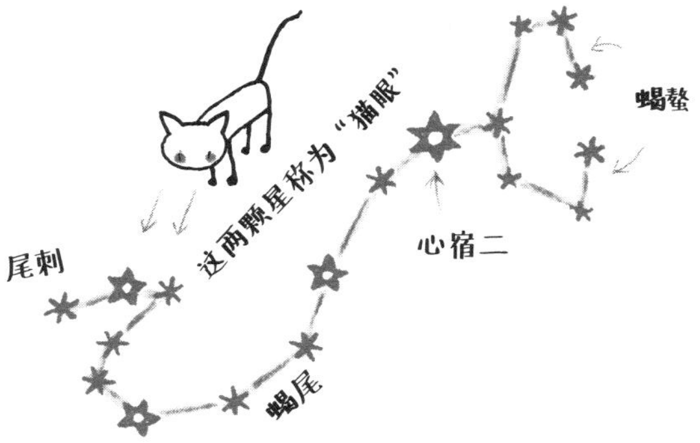


天蝎有一对蝎螯和一条弯曲的尾巴，尾巴末端是尾刺，就像一只真蝎子。它的主要构成星是一等星心宿二（又称为天蝎座 α 星），同时也是一颗红超巨星，甚至比参宿七还大，超过太阳的 700 倍，距离我们 550 光年，散发着夺目的红色光芒。也许你从没注意过，星星其实都有不同的颜色。天狼星泛着蓝光，五车二发出黄色光芒，参宿四则透着红光，但它们都没有心宿二这样光彩夺目。天蝎座尾刺部分两颗紧挨着的星星被称为“猫眼”。关于天蝎座和猎户座还有一个古老的传说呢，我们会在第 42 页读到这个故事。

天蝎座和室女座都属于黄道十二宫星座，也就是我们能看到各个行星的那部分天空。

# 测 试

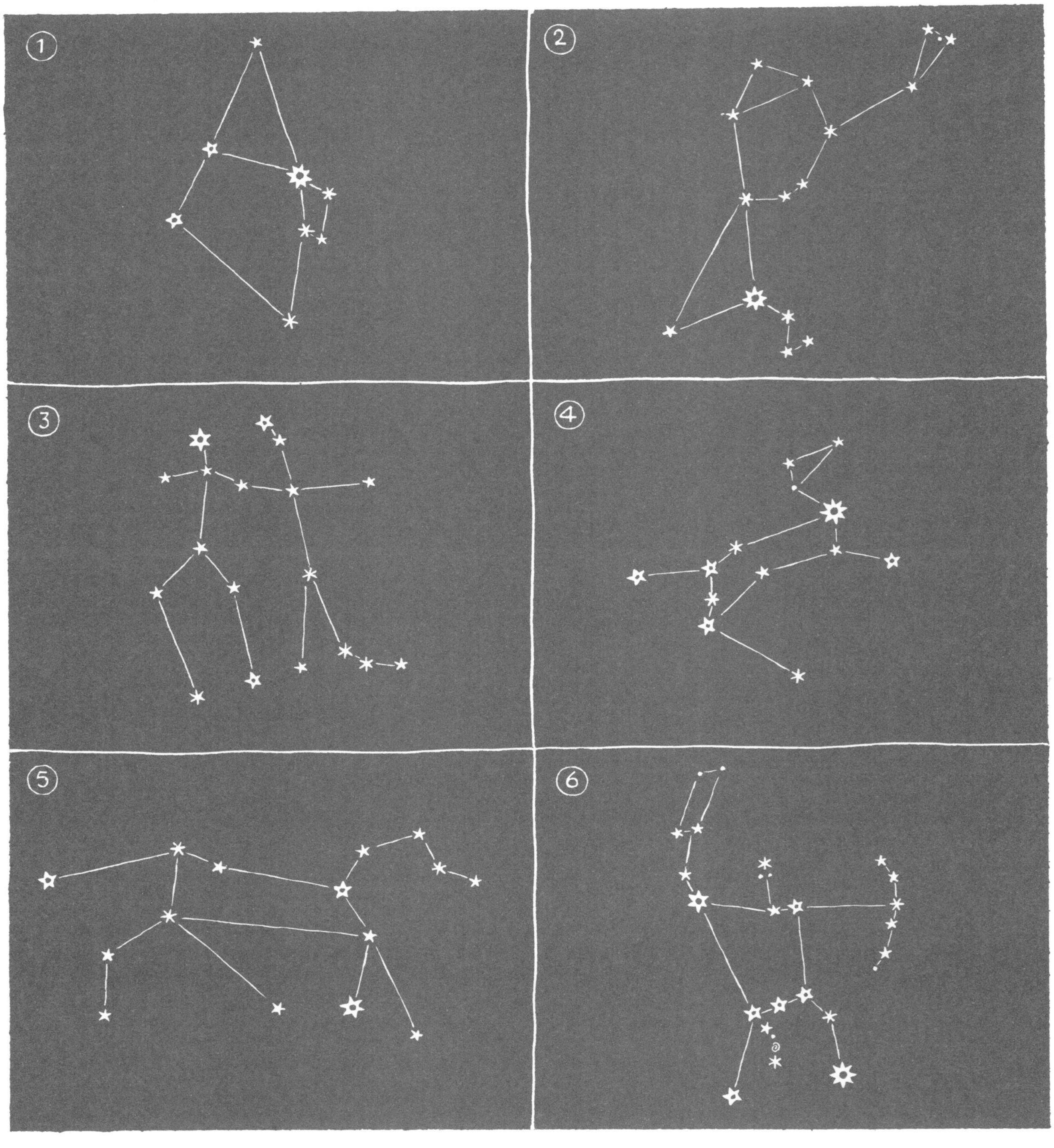


你能说出这些星座的名字吗？

1. 御夫座 2. 牧夫座 3. 双子座 4. 大犬座 5. 狮子座 6. 猎户座

这是前一页不带连线的星座图，但顺序不同。你能说出这些星座和其中一等星的名字吗？

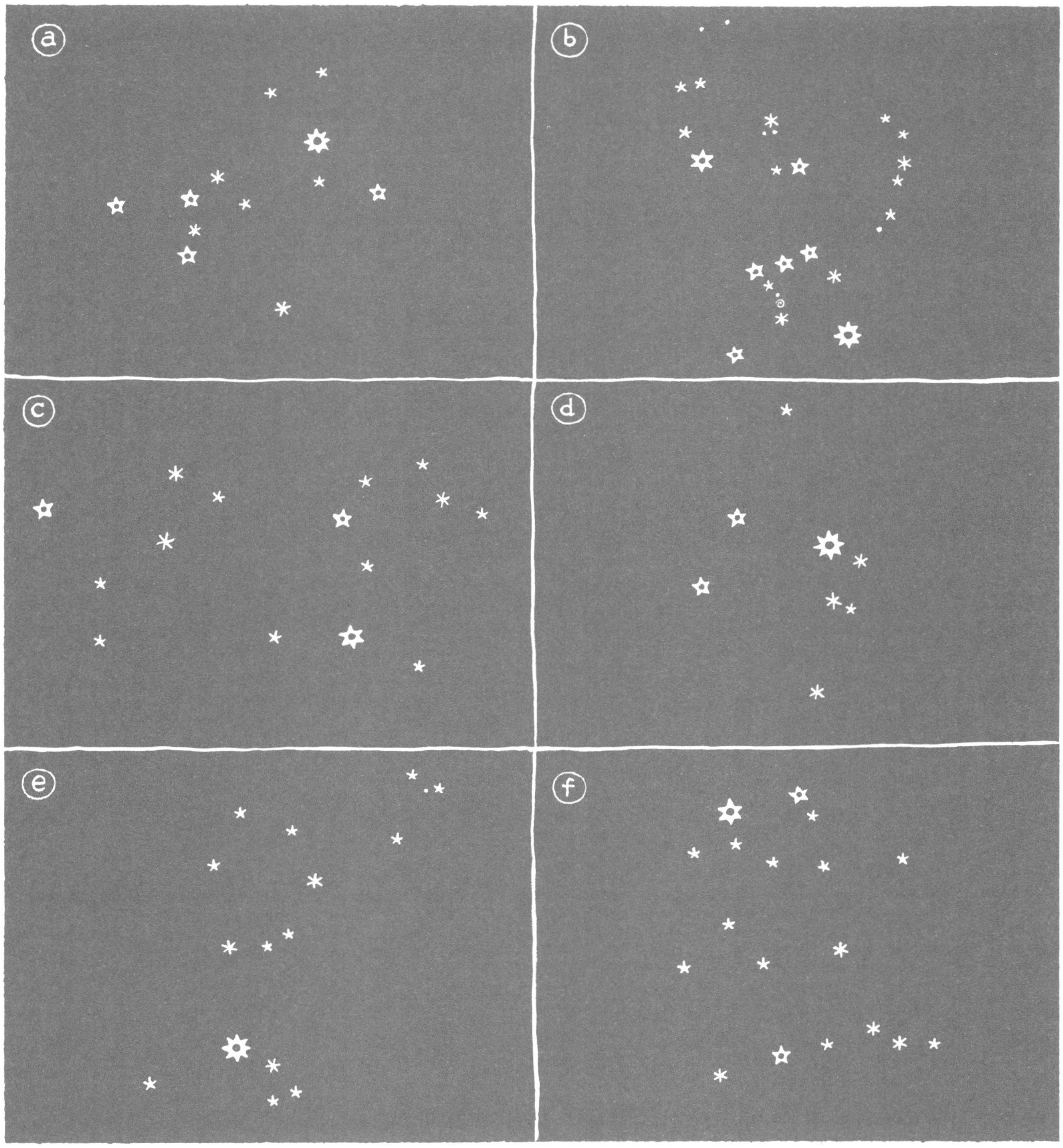


a：大犬座，天狼星 b：猎户座，参宿四和参宿七 c：狮子座，轩辕十四 d：御夫座，五车二 e：牧夫座，大角星 f：双子座，北河三和北河二

如果你想自称天文学发烧友，在小伙伴们面前炫耀一下的话，那就必须知道 10 个星座，其中 4 个是黄道十二宫星座，就是目前已经认识的，但我们应该做得更好。接下来再认识 5 个新星座和一等星，就认全所有拥有一等星的星座了。下面是其中 3 个：

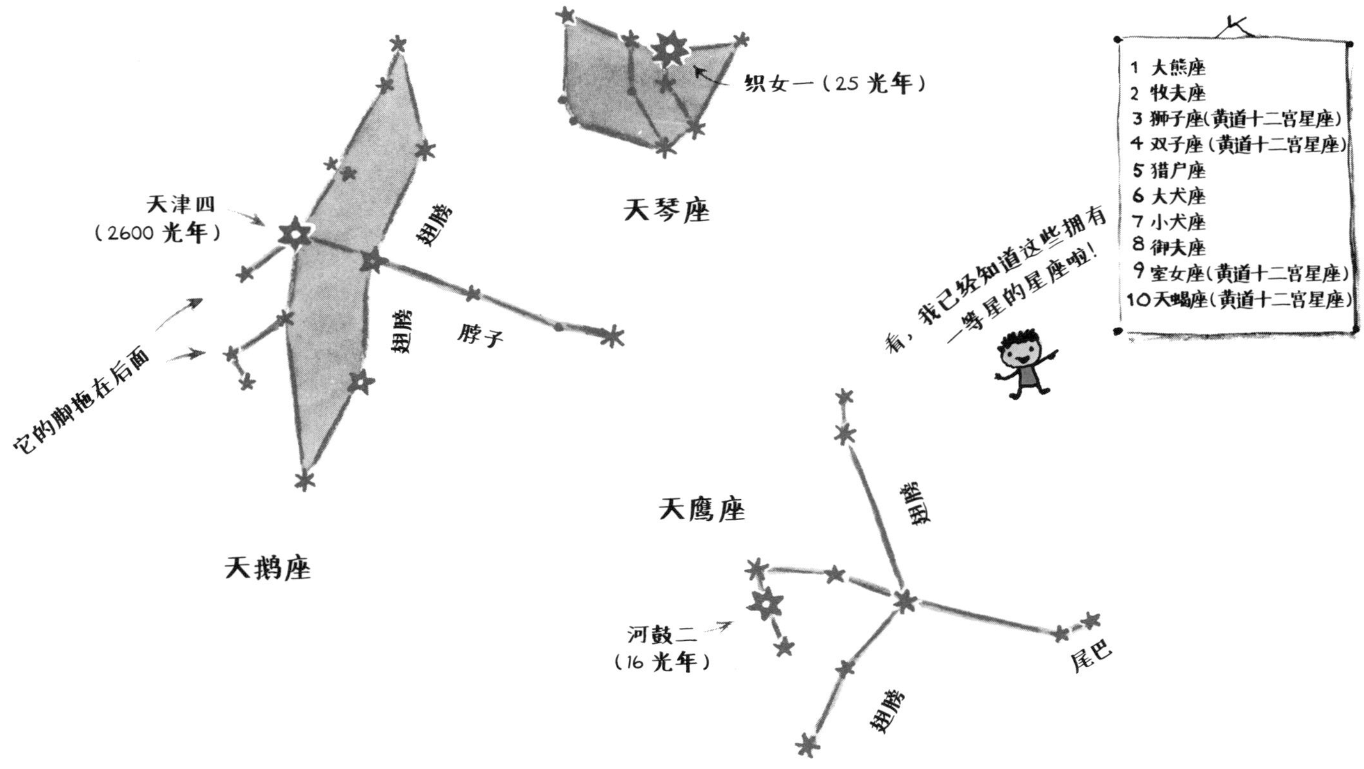


天鹅座和天鹰座在夜空中呈现出展翅飞向彼此的形态。天鹅座像真天鹅飞翔时那样伸着脖子，它尾部有一颗一等星天津四（又称为天鹅座 α 星）。天津四（Deneb）来源于阿拉伯语，是尾巴的意思。

天鹰座的头部有 3 颗连成一条线的星星，其中一等星河鼓二（就是牛郎星，又称为天鹰座 α 星）在中间。这 3 颗连成一线的星星非常容易辨认。

天琴座看起来像一把双弦竖琴。古希腊人像我们弹吉他那样弹奏竖琴，为歌曲伴奏。天琴座拥有泛着蓝白光的一等星织女一（织女星，又称为天琴座 α 星），它也是北部天空第三亮的星星。织女一非常有名：1850 年，它成为第一颗被“拍照留念”的星星。

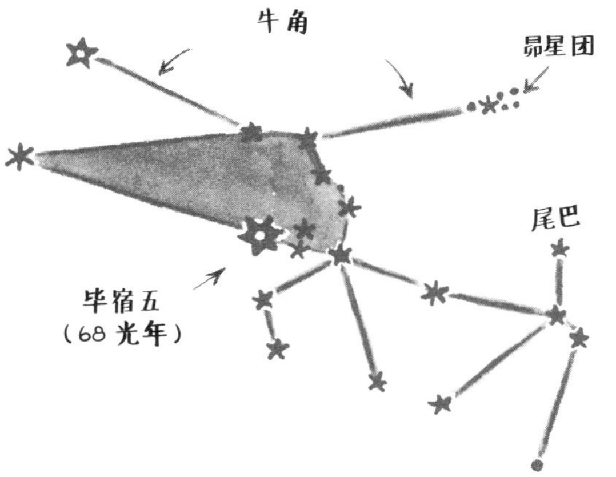


这是金牛座。除了一等星毕宿五（又称为金牛座 α 星），金牛座还有一个特别吸引人的地方，那就是昴星团。这一组星星们挨得那么近，乍看就像一朵银色的云。昴星团看起来很有意思，千万别漏掉它们。金牛座也是黄道十二宫星座之一。

15 颗一等星中，最后一颗是南鱼座的北落师门（又称为南鱼座 α 星）。这个小星座的其他星星都比较暗淡，不需要花费太多精力。

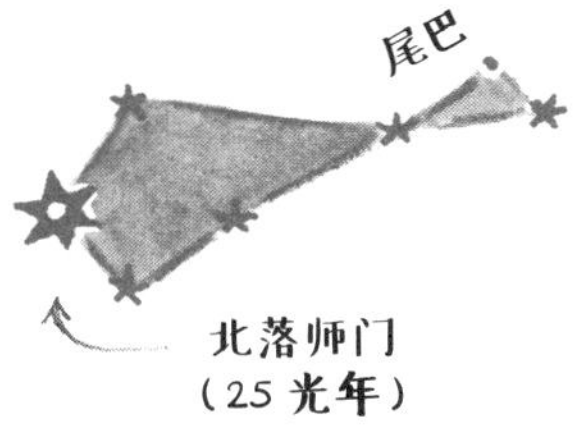


由此，我们已经认识了北天空中最亮的 15 颗星星。下面再按照亮度把它们排列起来，依次是：天狼星，最亮的一颗；大角星；织女一；五车二；参宿七，遥远的蓝超巨星；南河三；参宿四，有着奇怪的名字；河鼓二；毕宿五；心宿二，红超巨星；角宿一；北落师门；天津四和轩辕十四。你能想起这些星星所在的星座吗？

认识新星座之前，再来个测试怎么样？

# 测　试

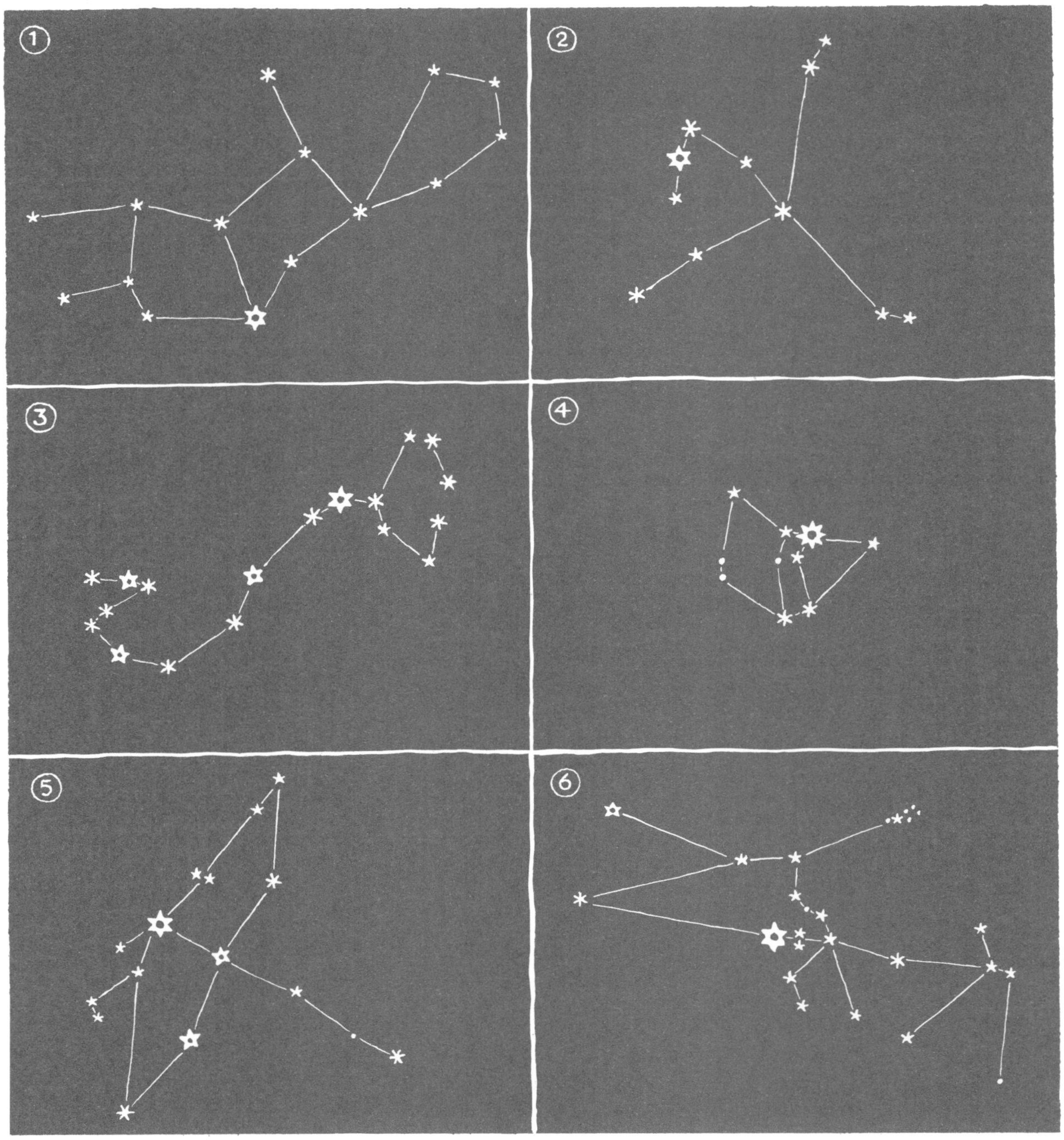


你能说出这些星座和它们的一等星的名字吗？

1. 室女座，角宿一 2. 天鹰座，河鼓二 3. 天蝎座，心宿二

4. 天琴座，织女一 5. 天鹅座，天津四 6. 金牛座，毕宿五

# 测　　试

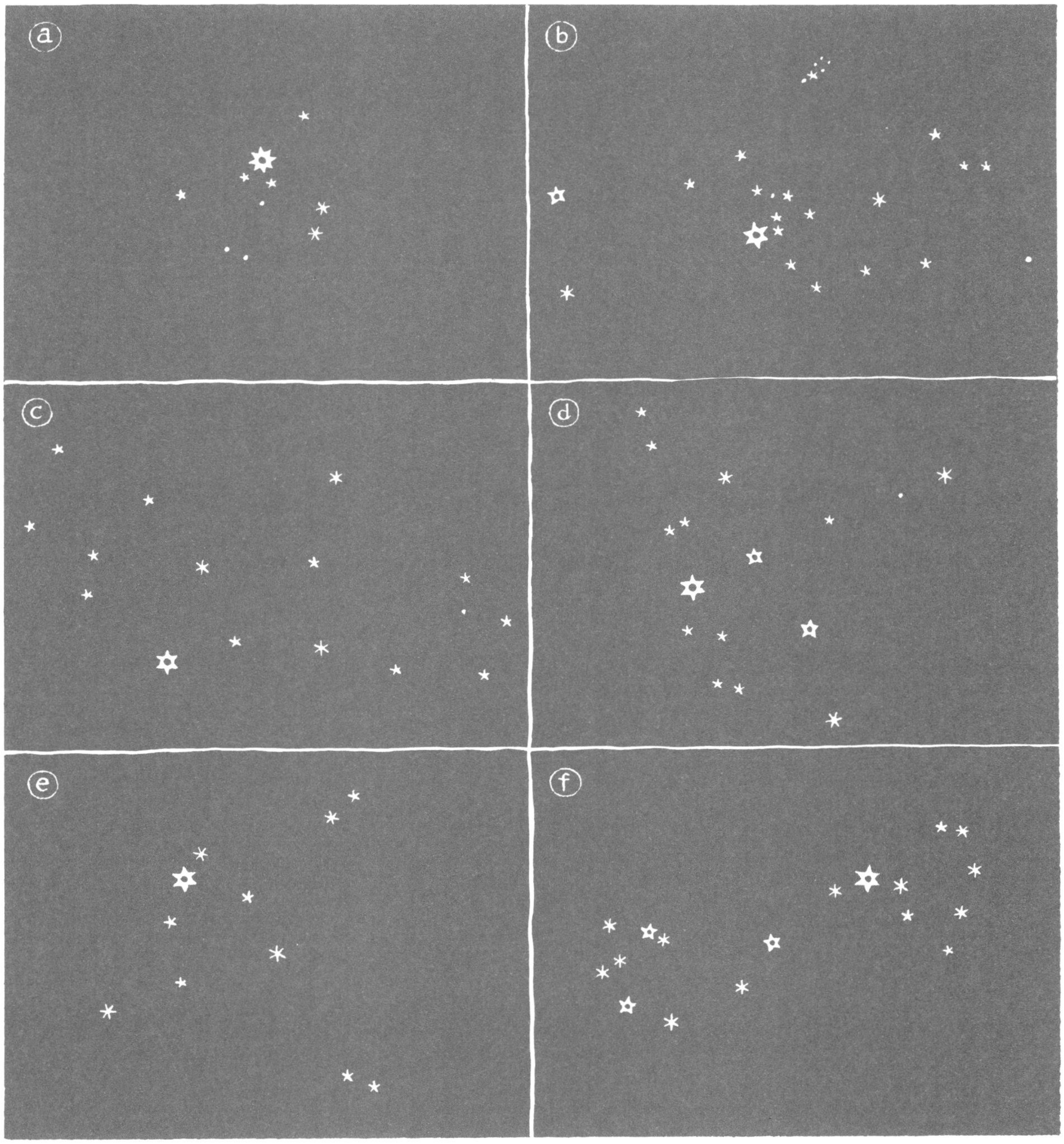


上面是与上一页一样的星座，不过顺序不同。其中一些星座做了一点变形。你能说出这些星座和它们的一等星的名字吗？

a：天琴座，织女一　b：金牛座，毕宿五　c：室女座，角宿一

d：天鹅座，织女一　e：天鹰座，河鼓二　f：天蝎座，心宿二

# 星空图

如果要在天空中找到某些星座，光知道它们的形状还不够。我们必须知道能在哪里找到它们。

组成星座的星星散布在整个夜空。因此，我们需要呈现整个星空的图片，以便看清星座与星座之间的关系，这就要用到星空图。

一年中不同的时间有不同的星空图。如果你住在城市，不经常看到星星，也许不知道闪亮的夜空一年四季都在变化，甚至同一夜晚不同时间看起来都不一样——真实的星空就是这样。正是由于这个原因，我们需要不同的星空图。

本书将展示 4 组星空图。因为一年从冬季开始，所以冬季的星空图排在前面，每个季节一组。每组有两幅星空图：一幅展示朝北时看到的一半星空；另一幅展示朝南时看到的那半。

每组星空图都以双页呈现。左手页只展示没有连线的星星，跟我们抬头看到的星空一样。右手页同样展示那些星星，不过画上了连线，用来帮助你辨认星座。

我们要做的是从只有星星的图中找到那些星座。一开始你也许只能从连线的那页找到相应的星座，但慢慢地你就不用频繁地借助连线了，最后你会发现自己一下子就可以在“只有星星”的那页辨认出每个星座。然后，就能在真实的星空中找到它们了。

现在暂停一下，先看看后面 4 页的星空图。我们不需要阅读图下的文字——待会儿再读。现在只看你是不是能找出之前认识的 15 个星座。这不会花太长时间，大概 5 分钟就够了。然后记得回到这一页，继续往下看。

准备好了吗？成绩如何？你找到了几个星座？

你有没有注意到，还有很多星座我们没有认识？天空中有 50 多个星座，目前我们认识的还不到 1/3！以后还会认识更多，但不是全部。因为很多星座很暗淡或很小，我们不需要认识。它们之所以出现在星空图中，是因为星空图就像路线图，一幅好路线图不仅要显示高速公路和大城市，还要显示小道和村庄，所以我们的星空图也要呈现那些不起眼的星座，而不仅仅是那些闪亮的、重要的。

下面我们先跳过后面 4 页已经浏览过的星空图 1，直接认识其他重要的星星和星座吧。

星空图1

面朝北方

# 冬 季

2月1日晚9点的

如果这个时间不方便，可以

12月15日……

1月1日……

1月15日……

2月15日……

3月1日……

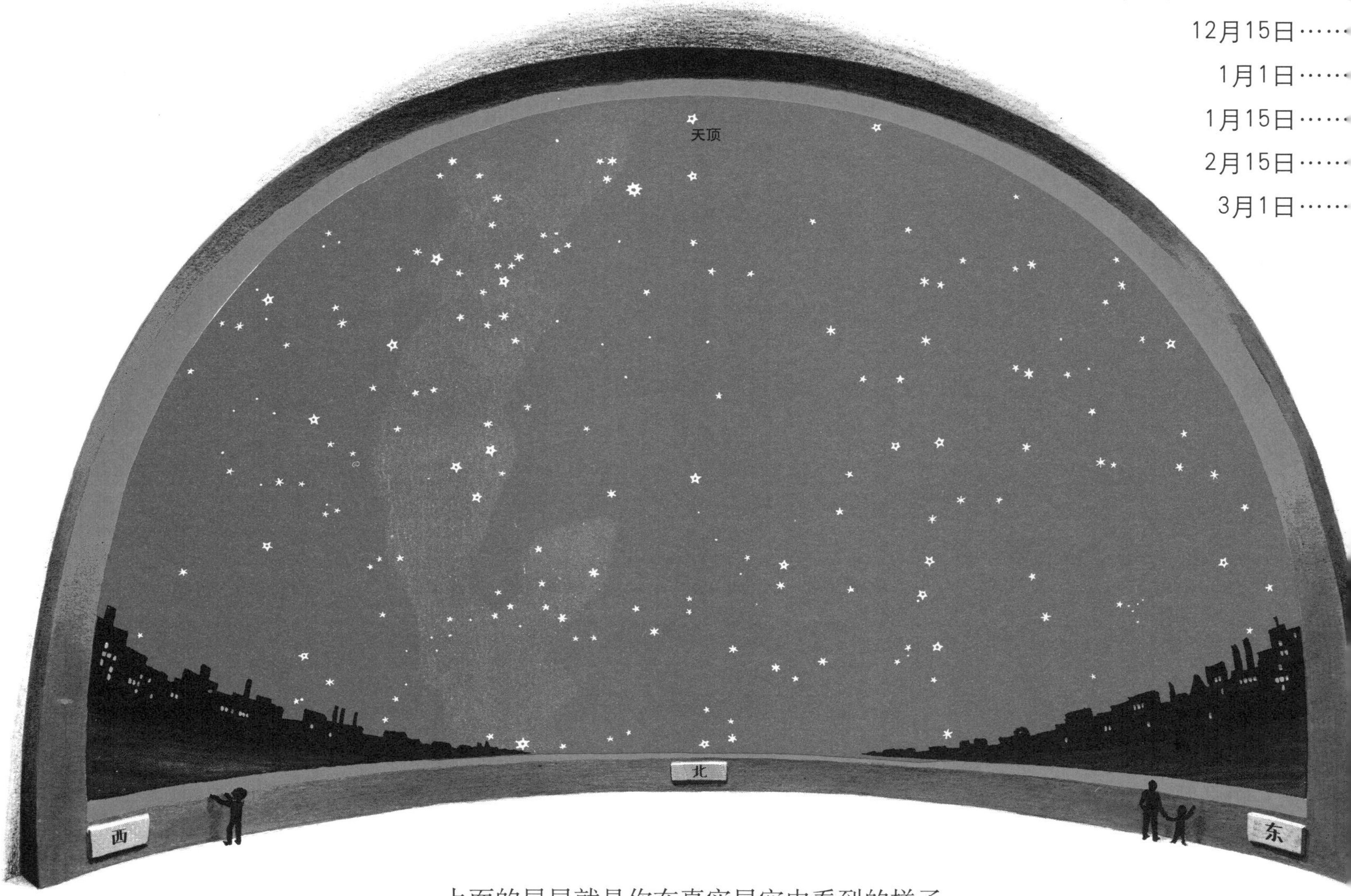


上面的星星就是你在真实星空中看到的样子——

你能在这幅图中找到北斗七星吗？很容易。首先，在右页图中找到它的位置，然后在上面这幅图的相同位置就能看到它。接着找北极星，再找找上方的亮星，这样一颗一颗地找出来。不要着急，慢慢找。

或许你觉得这幅图中的星星比右页图中的多，但这只是一种错觉。两幅图中的星星数量完全一致，不信你可以数数看！

星等

# 星　空

星空图1

面朝北方

星空看起来是这样的。

在以下时间看到同样的星空：

……午夜

……晚11点

……晚10点

……晚8点

……晚7点

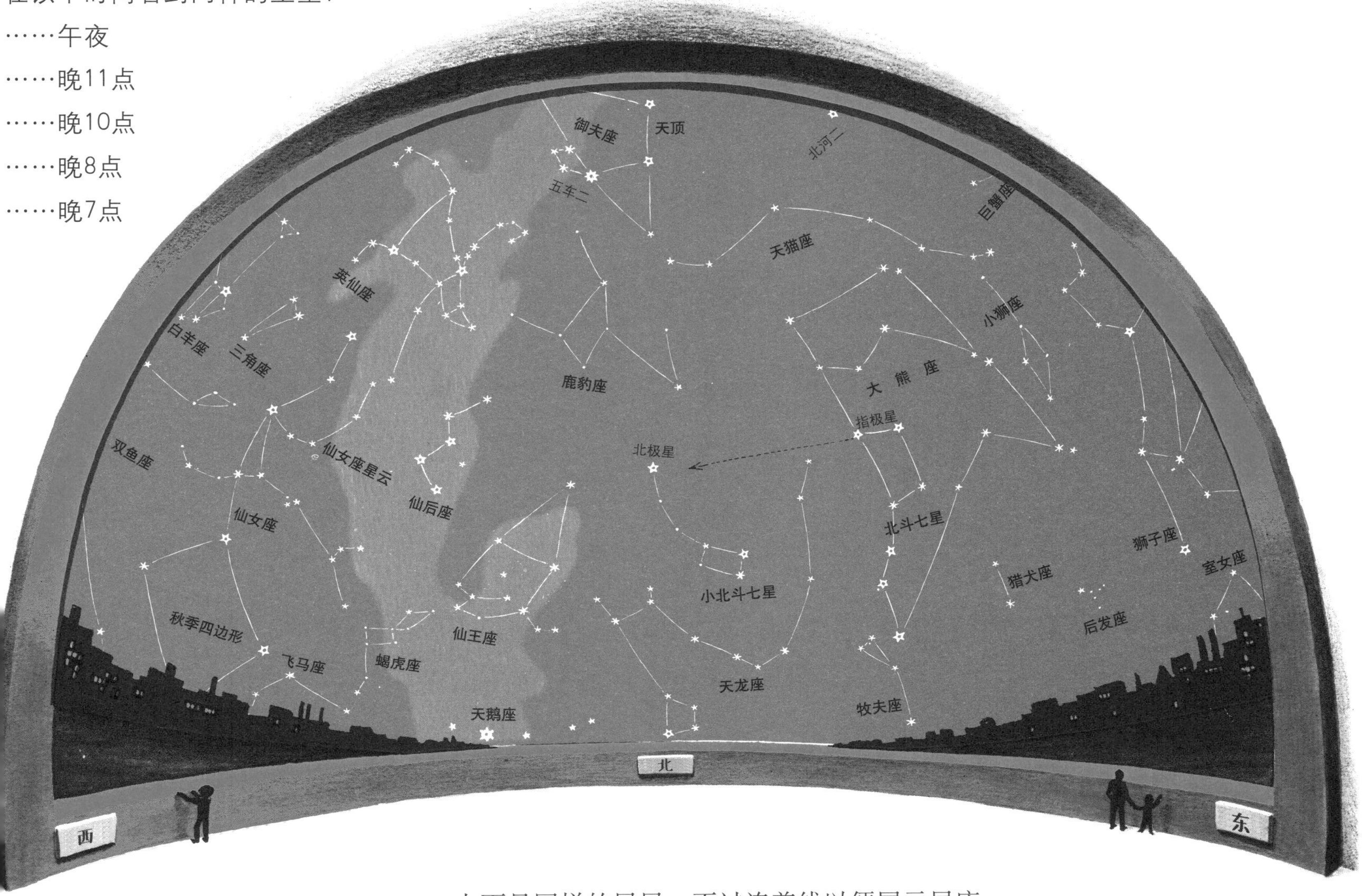


——上面是同样的星星，不过连着线以便展示星座

我们的星空图中展示的星星并不是特别多。星空图 1 中南天和北天的星星一共不到 400 颗。天空并不像人们想象的那样布满星星。可以让你的小伙伴猜猜他们能看到多少星星，他们猜测的数目一定很大。即使在最澄净的夜晚，一个人一次用裸眼看到的星星也不会超过 2500 颗，大多数星星的光非常微弱，甚至没有出现在我们的星空图中。但借助天文望远镜，情况就完全不同了。在天文望远镜的辅助下，人们可以看到数百万颗星星。

星空图1

面朝南方

# 冬　季

2月1日晚9点的

如果这个时间不方便，可以

12月15日……

1月1日……

1月15日……

2月15日……

3月1日……

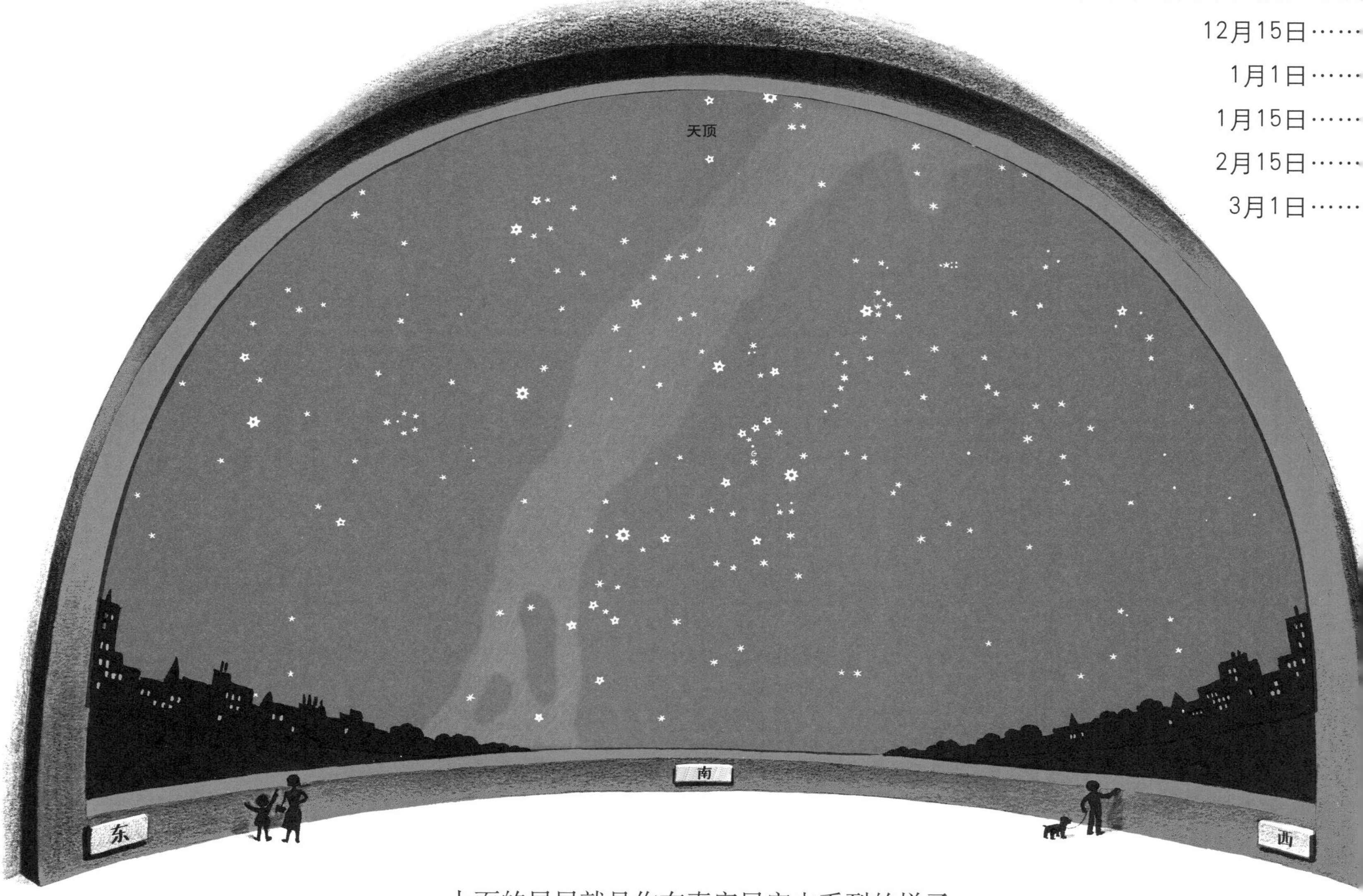


上面的星星就是你在真实星空中看到的样子——

在上面这幅星空图中，你看到的是最光彩夺目的一片天空。有人把它称作“圣诞星空”，因为圣诞节午夜时分的星空差不多就是这样。图中有 8 颗一等星，你能找出来吗？如果你在重庆或福州这样的南部城市，就可以在地平线上、天狼星的下面看到另一颗极其耀眼的星星，那就是老人星（又称为船底座 α 星），整个天空第二亮的星星。老人星并不在星空图中，因为它出现在北纬 40 度地区的夜空。不能在一张图上呈现所有纬度的星空图像真遗憾。天狼星、南河三、北河三、北河二和五车

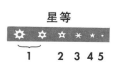

# 星　空

星空图1

面朝南方

星空看起来是这样的。

在以下时间看到同样的星空：

……午夜

……晚11点

……晚10点

……晚8点

……晚7点

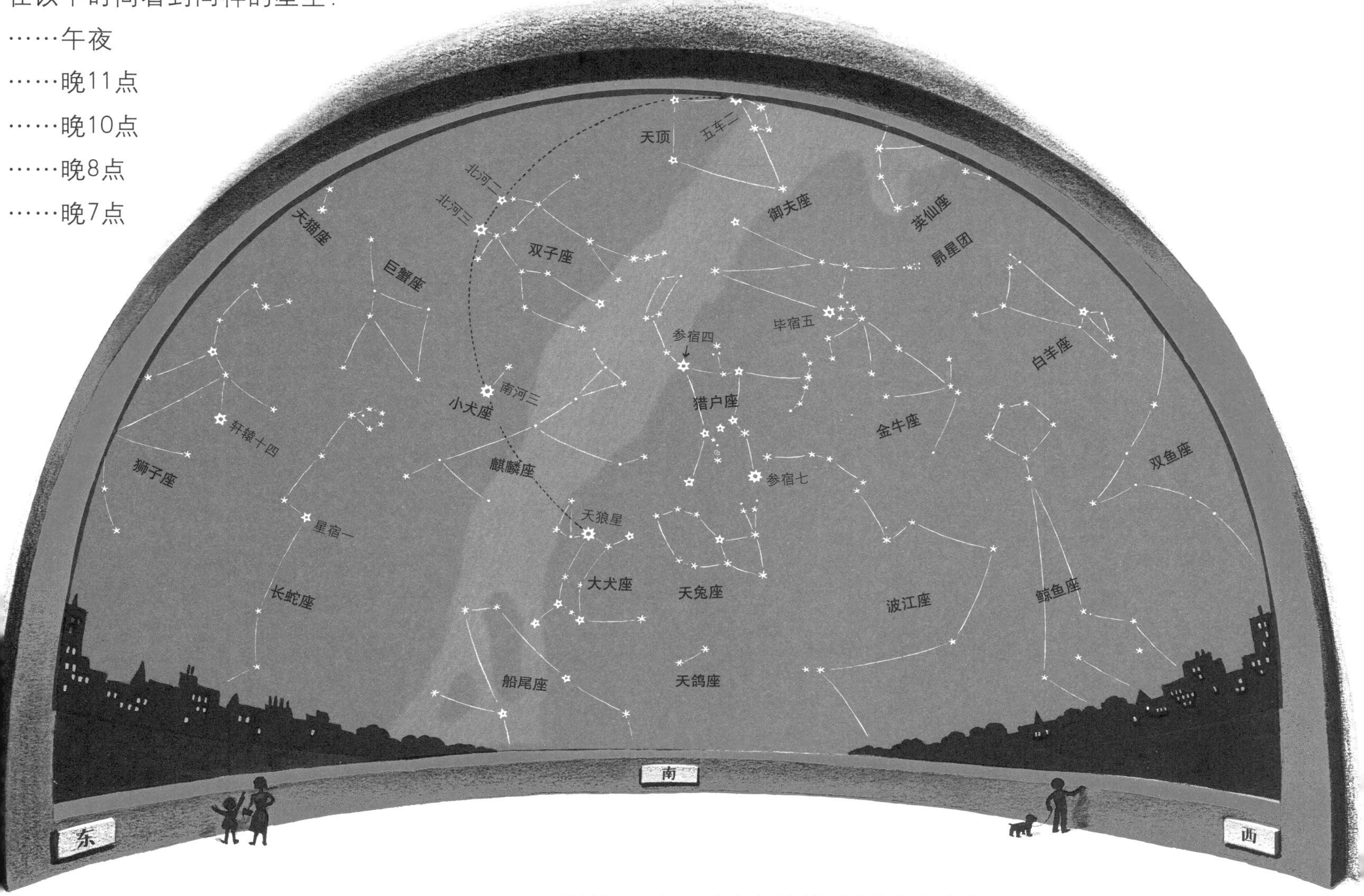


——上面是同样的星星，不过连着线以便展示星座

二组成了“天狼星巨弧”。试着找到它，很容易。

星空图中浅蓝色的不规则亮带是银河，在纯净幽暗的夜空，它就是一道美丽的风景线。大约 350 年前，天文望远镜未发明时，没有人知道银河是什么。但后来借助天文望远镜，我们知道了银河由数以亿计的星星组成。因为距离太远，所以无法用裸眼直接看清。我们会在第 53 页对银河了解更多。

## 北极星，北方之星

有一颗星虽然不在 15 颗亮星之列，只是一颗二等星，却非常重要。它很有名，也许你已经知道它的名字了，甚至见过它：北极星。

北极星为什么如此重要？原因就是：北极星是天空中唯一一颗位置稳定的星星，至少你难以察觉到它的位移。北极星的相对静止正参照出其他星星和星座的移动。

北极星也被称为北方之星，因为它总是在北方。当你面对北极星时，你的前面

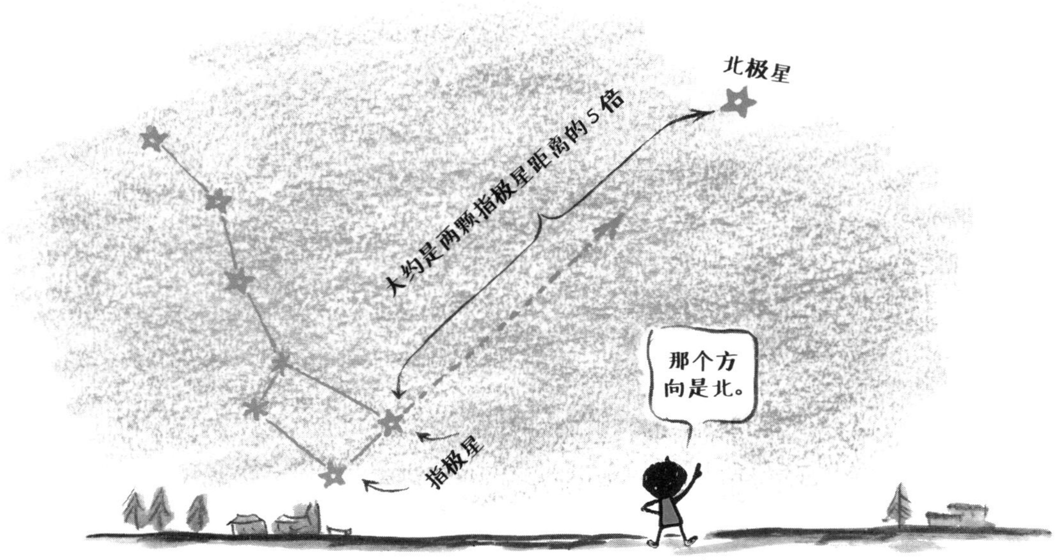


是北，右边是东，左边是西，后面是南。知道这一点不仅对观星很重要，而且能帮助你在晚上迷路时找到方向。如果能找到北极星，你就能立即辨认出方向，也不需要指南针了。

在夜空中很容易找到北极星。只要找到北斗七星，然后像第 30 页上画的那样，将勺口的两颗星连线并沿开口方向延伸，就能找到北极星。北极星周围没有亮星，所以你绝不会错过它。勺口指向北极星的两颗星星被称为指极星。无论北斗七星位置高低，指极星总是指向北极星。（在星空图上更容易找到北极星：在朝北的星空图上它总是出现在图的中间位置。）

北极星静止不动时，其他那些看起来在移动的星星是怎样移动的呢？（之所以说“看起来在移动”是因为它们并没有真的移动，而是地球自转让它们看起来在移动，学校里应该学过这个知识。）好吧，它们看起来在围绕着北极星做圆周运动，绕北极星一圈大约要花 24 小时。离北极星较近的星星绕小圈，离北极星较远的就绕大圈。离北极星远的星星在地平线上出现的时间很短，而且离北极星越远，在地平线上出现的时间越短。所以，在我国有些星星根本就不会出现在地平线上，我们也无法观测到。也有一些星星要到十分遥远的最南边才能看到，比如南天空的南十字座。实在太远了，所以我们没有把这些观测不到和不易观测的星星画进星空图中。

当一颗星星露出地平线时，我们说：它升起来了。当它落到地平线以下时，我们说：它落下去了。像太阳和月亮一样，星星也从东边升起西边落下。大多数星星和星座都有升有落。只有少数星星和星座一直在地平线以上绕着北极星转。它们在天空中的位置有时高有时低，但从不升起或者落下，我们能随时看到它们。北斗七星就是其中之一，后面我们还会认识其他这样的星星。

下面这些星座都环绕着北极星——已经认识的北斗七星就不再提了：

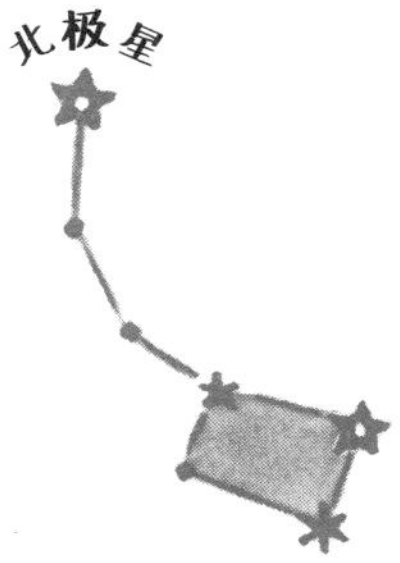


这是小北斗七星，北极星就在勺柄尖端。它也被称为小熊座，但看起来更像一把勺子。

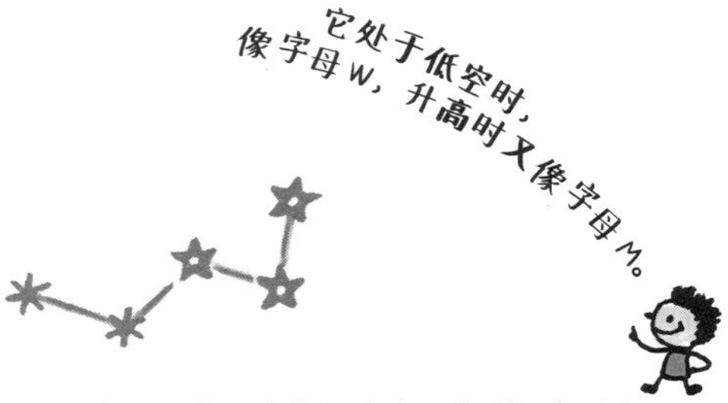


这就是仙后座。有时候看起来像字母W，有时候又像M。它异常明亮，在天空中很容易找到。传说中仙后座是一位古代王后（卡西奥佩娅）的化身，接下来我们会看到她的丈夫。

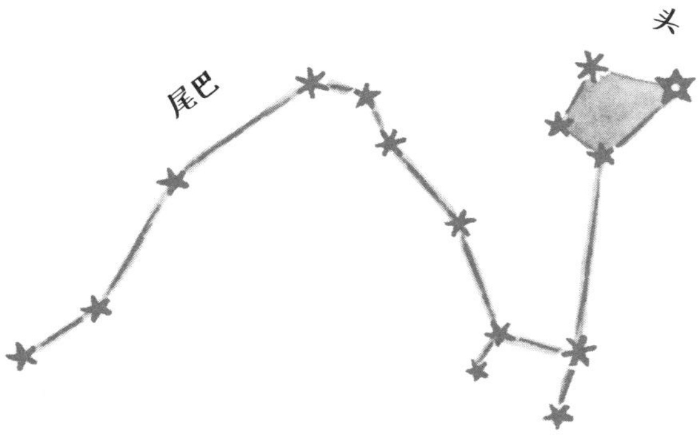


天龙座尾巴长长的，头部由4颗星星组成。龙的鼻子是一颗二等星，其他星星则暗淡无光。

仙王座是一位古代国王（刻甫斯）的化身，卡西奥佩娅的丈夫。他头戴一顶尖顶帽，留着一条小辫子。虽然不是很耀眼，但看起来很快乐，也许是因为他的女儿安德罗墨达获得了美好的爱情。我们会在第40页读到这个故事。

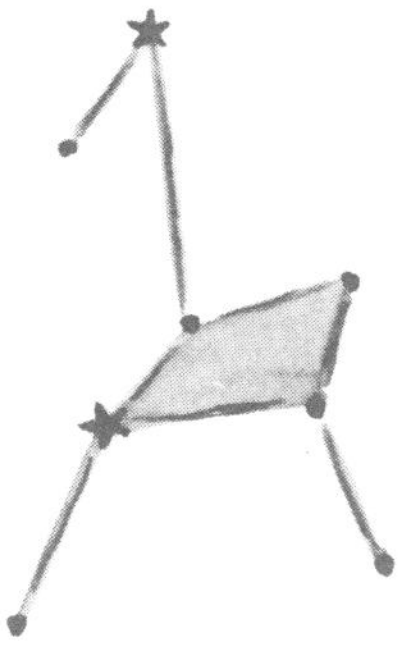

鹿豹座实在太暗淡。我们不必为它费心，问个好就可以了。

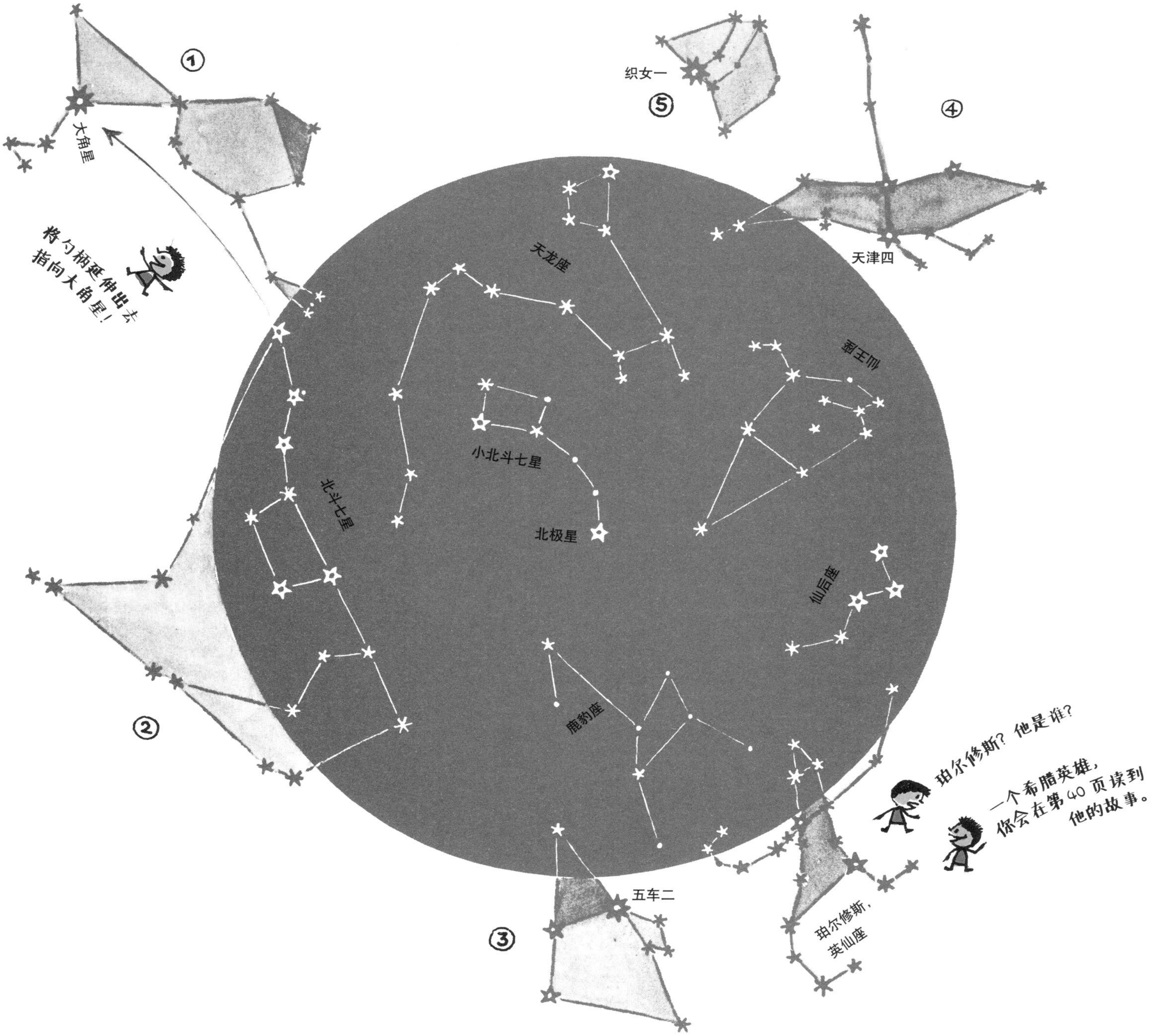


这 5 个星座和北斗七星就是这样围绕着北极星。在北纬 40 度地区，蓝圈中的星星总是出现在地平线之上。我们已经认识的一些星座就在这个蓝圈附近，还有一部分在圈里。你能说出它们的名字吗？

1. 牧夫座 2. 大熊座 3. 御夫座 4. 天鹅座 5. 天琴座

# 黄道十二宫星座

前面已经提到过，黄道十二宫是我们能看到各个行星的那部分天空。它由 12 个星座组成，像一条亮带划过天空。下面是黄道十二宫星座的名字：

白羊座　金牛座　双子座

巨蟹座　狮子座　室女座

天秤座　天蝎座　射手座

摩羯座　水瓶座　双鱼座

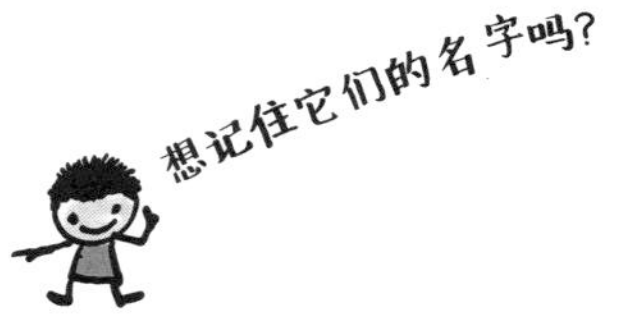


我们已经认识了黄道十二宫中的 5 个星座。（还记得是哪几个吗？它们都有一等星。）下面是另外 7 个星座：

虽然没有一等星，射手座却是 7 个星座中唯一耀眼的星座。这位射手是一个穿着长裙的男人，头上插着羽毛。他倾身向前，张弓欲射，箭头正瞄准天蝎座（参见第 47 页星空图），我们一会儿就能知道原因。

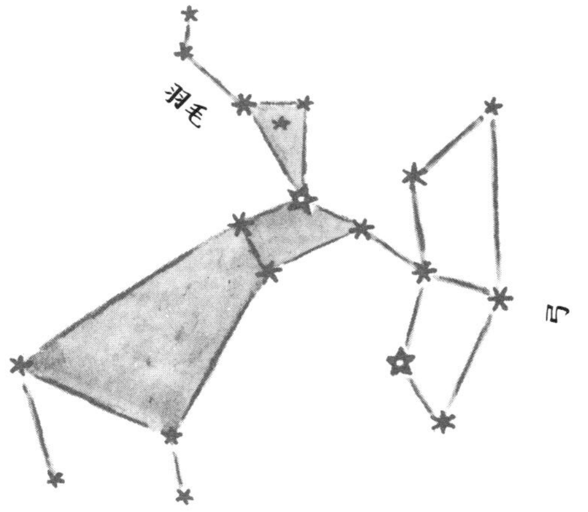


其他 6 个星座都是由一些光芒暗淡的星星组成的。如果不是在黄道带上，我们完全不用关注。

黄道十二宫跟动物园有什么关系吗?
当然！它们都源于相同的希腊语，黄道十二宫（Zodiac）就是动物园的意思。

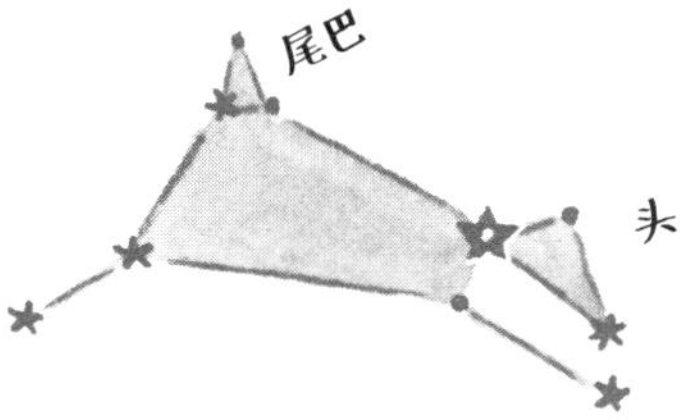


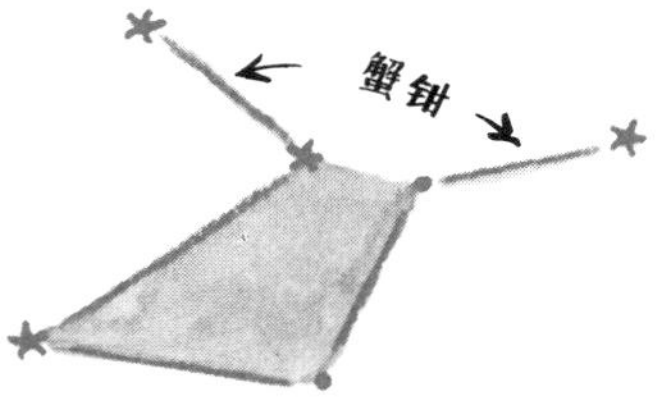

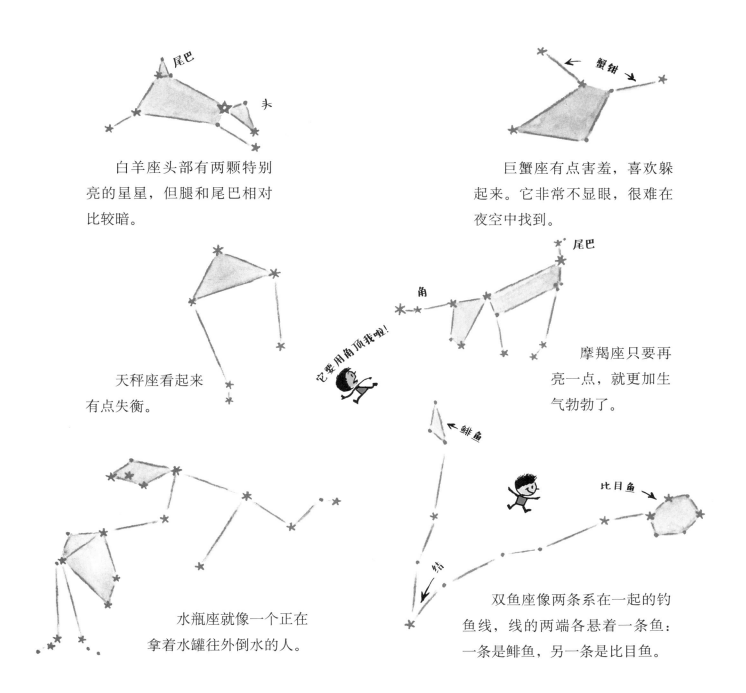

白羊座头部有两颗特别亮的星星，但腿和尾巴相对比较暗。

巨蟹座有点害羞，喜欢躲起来。它非常不显眼，很难在夜空中找到。

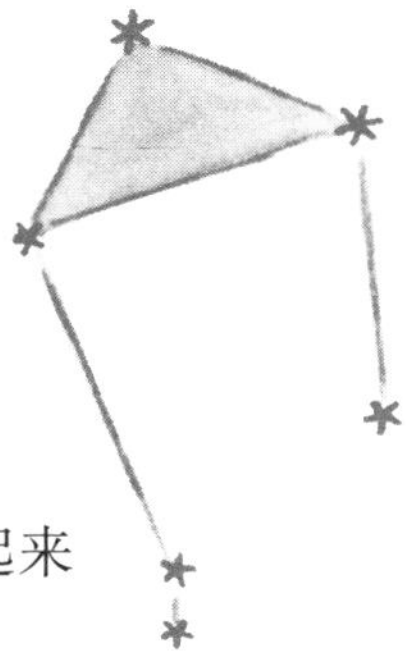

天秤座看起来有点失衡。

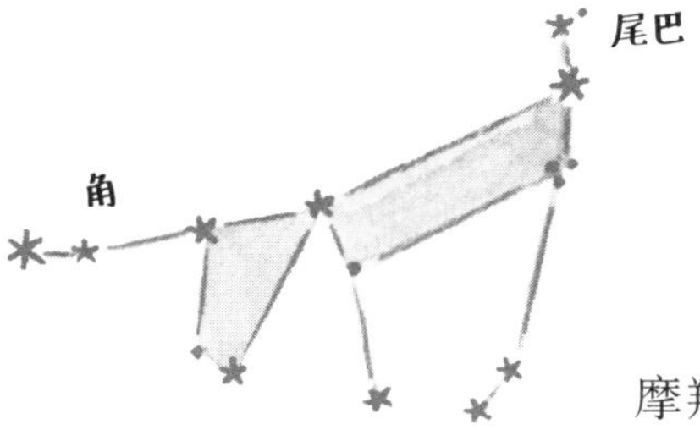

摩羯座只要再亮一点，就更加生气勃勃了。

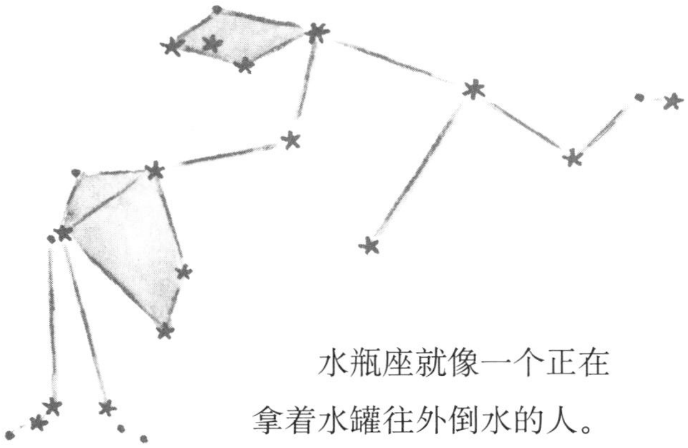

水瓶座就像一个正在拿着水罐往外倒水的人。

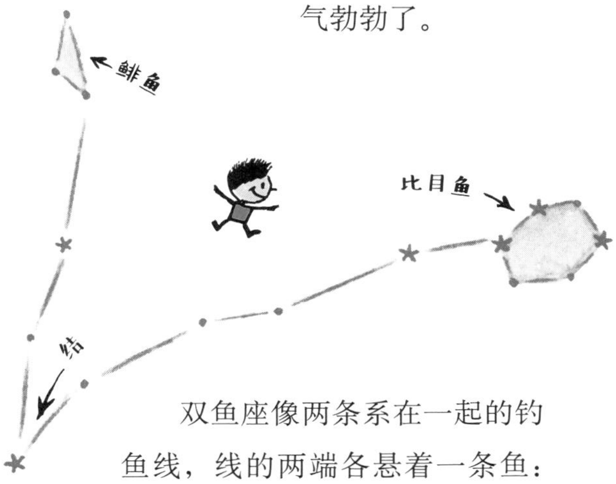


双鱼座像两条系在一起的钓鱼线，线的两端各悬着一条鱼：一条是鲱鱼，另一条是比目鱼。

再来看看星空图吧，看你能否找到前面 4 页认识的星座。

星空图2

面朝北方

# 春　季

5月1日晚9点的星空

如果这个时间不方便，可以在以下

3月15日……

4月1日……

4月15日……

5月15日……

上面的星星就是你在真实星空中看到的样子——

先玩个游戏，不看右页，你能在这幅星空图中找到北斗七星吗？不必太执着。如果你先看看第37页的图，再看这幅图，就能很容易地找到两个北斗和北极星。找出这幅星空图中的一等星，一共有5颗。它们叫什么名字？对比第37页和第27页的星空图：发现了吗？北斗七星现在位置更高，而仙后座的位置比星空图1中低很

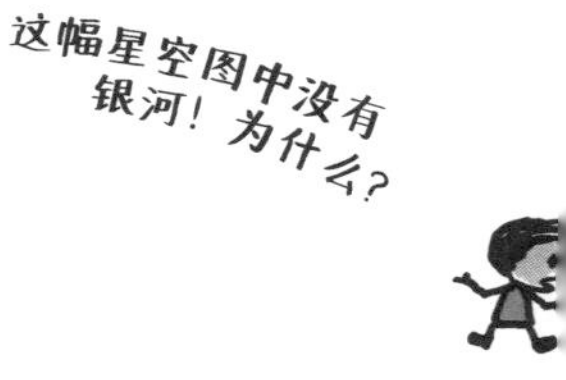

# 星　　空



面朝北方

看起来是这样的。

时间看到同样的星空：

……午夜

……晚11点

……晚10点

……晚8点

你会看到这样的星空！

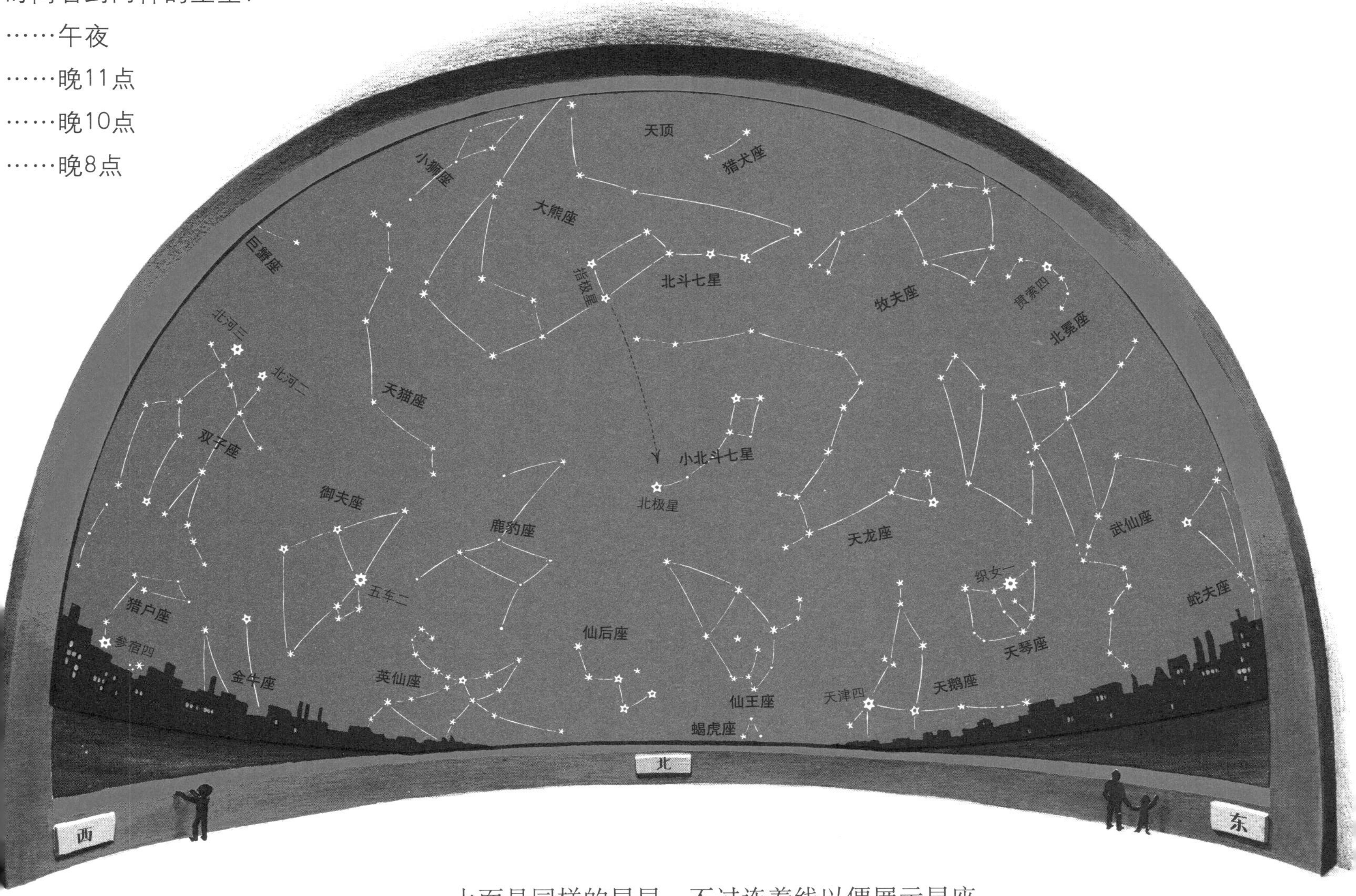


——上面是同样的星星，不过连着线以便展示星座

多。英仙座几乎已落下，但在第 27 页上几乎不见踪影的天鹅座冉冉升起。后者离北极星不远，不再隐没在地平线以下。牧夫座在第 27 页只露出了烟斗，而现在已经高悬在夜空中（同时参见第 39 页）。

它现在位置很低，地面的尘雾遮住了它。

星空图2

面朝南方

# 春季

5月1日晚9点的星空

如果这个时间你不方便，可以在以下

3月15日……

4月1日……

4月15日……

5月15日……

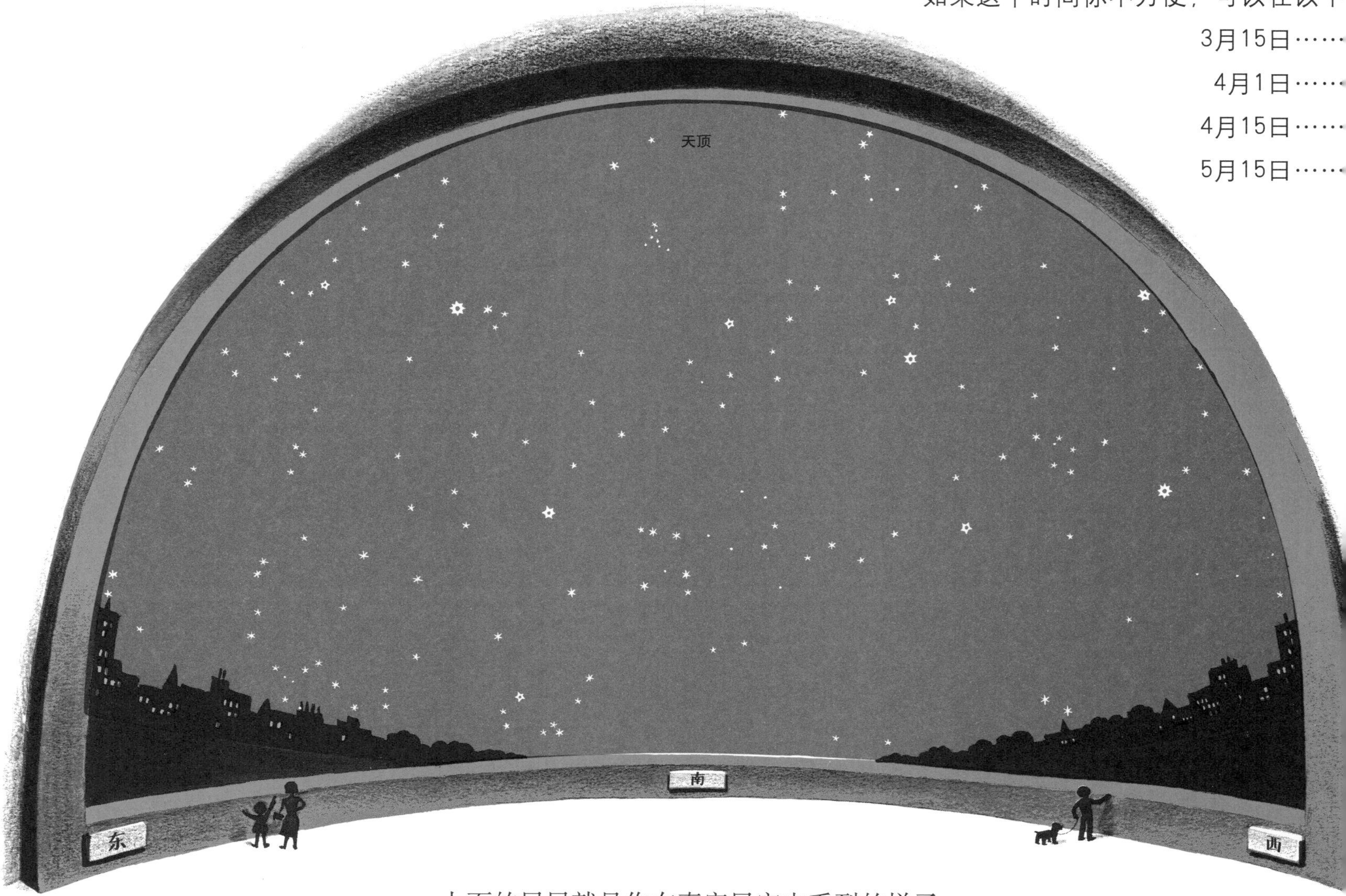


上面的星星就是你在真实星空中看到的样子——

与朝南的星空图1相比，你会再次发现变化。星星要么往西移动，例如狮子座；要么完全消失不见，例如大犬座。但新的星座也已经从东方升起，它们是室女座和天秤座，天蝎座的蝎螯也伸出了地平线。还有一些不认识的星座，它们都没有很亮的星星，不过我们还是向其中两个星座打个招呼吧。室女座下面是长蛇座，这是一条水蛇，蛇身很长，也很暗淡。长蛇座的最亮星星宿一（又称为长蛇座 α 星）只是一颗二等星。但它看起来比较亮，这是因为周围的星星太暗淡了。靠近牧夫座头部

# 星　空

看起来是这样的

你会看到这样的星空!

时间点看到同样的星空：

……午夜

……晚11点

……晚10点

……晚8点

星空图2

面朝南方

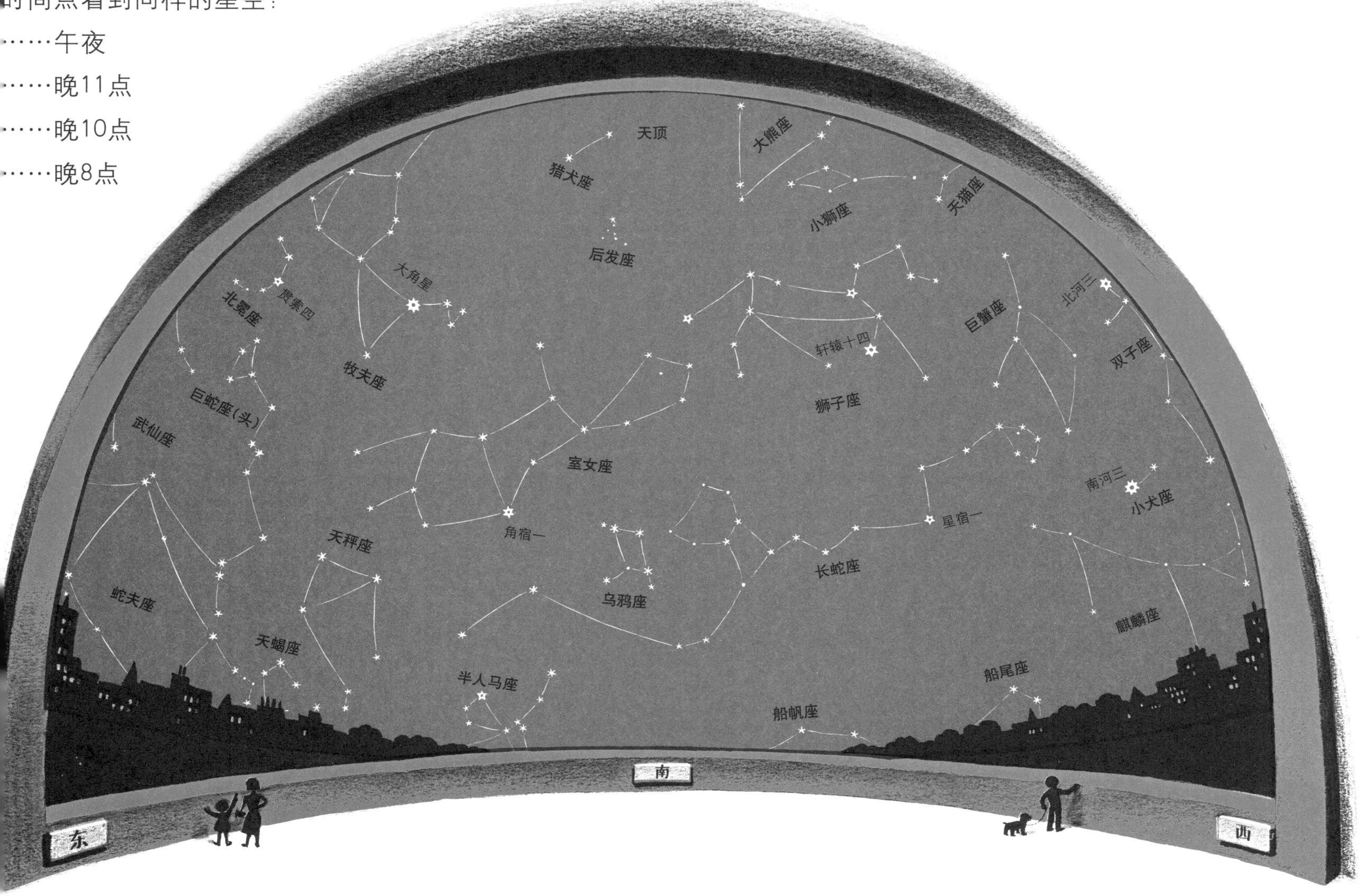


——上面是同样的星星，不过连着线以便展示星座

后侧的是小巧而美丽的北冕座，很容易在夜空中找到。看起来很像女式冕状头饰。

春末时节，在天空完全暗下来之前，橘红色的大角星就高高地悬挂在天空中，它是看到的第一颗星星。任何时候看到第一群星星出现在天空都是充满乐趣的事情，如果你还能说出它们的名字，知道它们在哪儿，那就更其乐无穷了。如果有同伴陪你一起观星，还可以玩个小游戏，看谁能认出第一颗星星？

有意思的游戏，但是其他月份都有哪些星星最先出现呢？
看看第65页的名单吧！

# 仙女座的传说

关于星星和星座有很多古老的传说。其中一个与刻甫斯王、卡西奥佩娅王后和他们的女儿安德罗墨达有关（我们已经在第 32 页认识了他们）。想听这个故事吗？竖起耳朵吧。

年轻的安德罗墨达非常美丽，以至于卡西奥佩娅女王常常夸赞自己的女儿比宁芙女神们还美。宁芙女神们毕竟是神，她们不屑与凡间公主相提并论，于是向海神抱怨。海神立即派出一头巨鲸，它沿着刻甫斯王统治的海岸游荡，大肆扰乱沿岸居民生活，没人能制服这头怪物。有人告诉国王，只有牺牲可爱的安德罗墨达公主才能摆脱巨鲸的扰乱。

于是，安德罗墨达被人用铁链拴在海边的岩石上，等待命运的判决。不久，巨鲸破浪而来，想要吞掉她。但就在这千钧一发之际，英雄珀尔修斯出现了。他杀死巨鲸，解救了安德罗墨达，并当场娶她为妻。然后，两人骑上珀尔修斯的飞马飘然离去。

这个故事发生在几千年前，但今天你能以星座的形式看到传说中的角色：国王（仙王座）、王后（仙后座）、公主（仙女座）、珀尔修斯（英仙座）、飞马（飞马座）和巨鲸（鲸鱼座）。它们出现在同一片天空，秋天的夜晚，当仙后座高悬于天空中时，故事中的其他形象也随之出现。（参见第 50 ～ 53 页星空图 4）

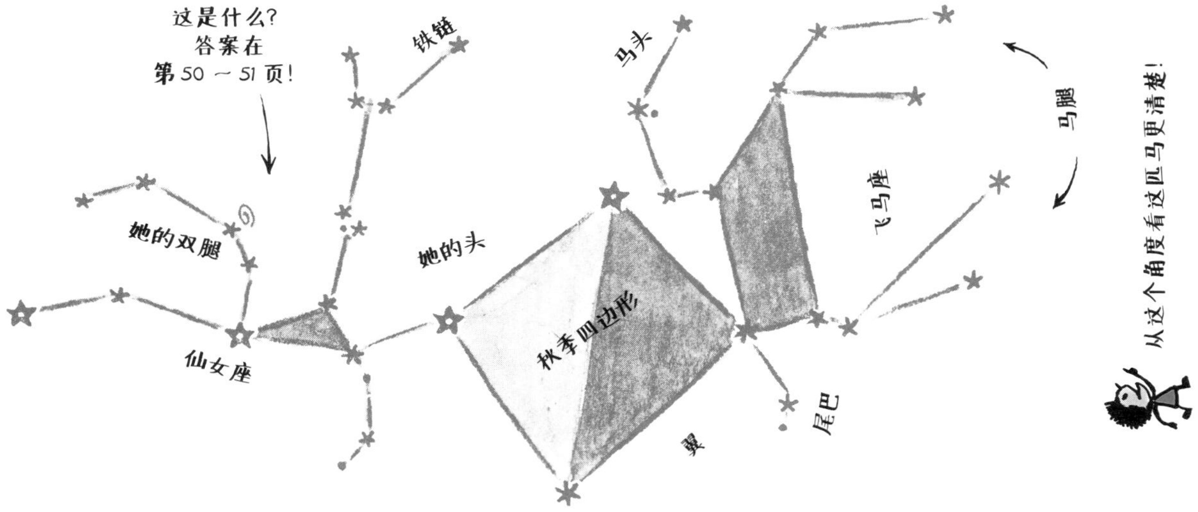


上面就是仙女座和飞马座。这位公主摆动着双腿，一只手臂高高举起，上面还缠着铁链。飞马的臀部长着一个飞翼。翼上的三颗星和公主头部的一颗星异常闪亮，它们组成了一个四边形，这就是著名的秋季四边形，是秋季夜空的一个醒目标志，很容易找到。试着在适当的时机找到它，应该在某个秋季的夜晚。

鲸鱼座就难找得多，因为除了它嘴里的那颗星星，其余的都相当暗淡。但是你可以在第 52 页和第 53 页的星空图里轻松找到它。

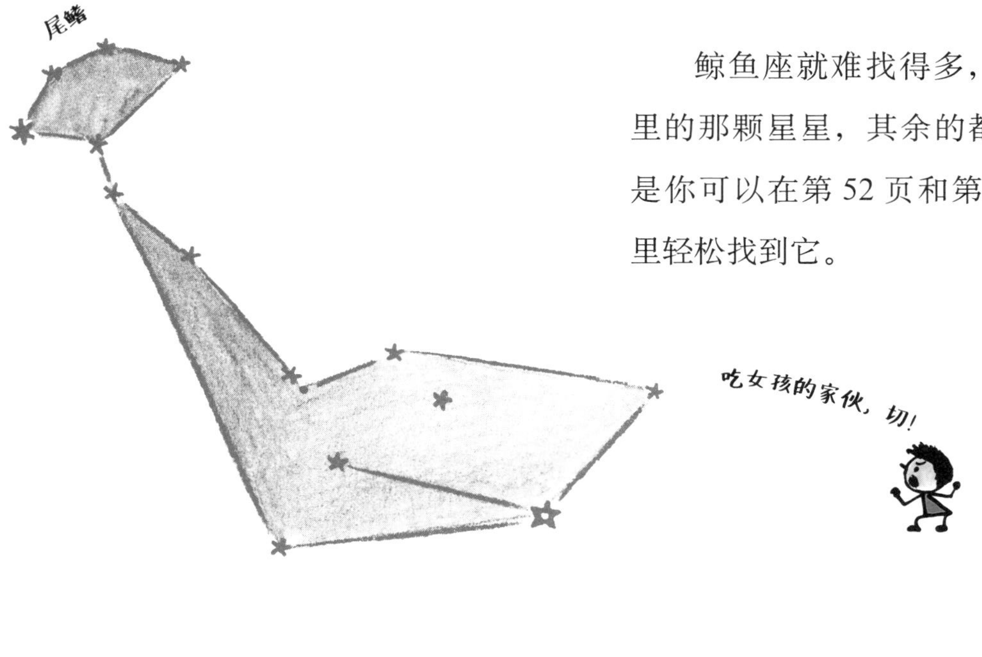

# 猎户座的传说

如果要讲完有关星座的所有传说，整整一本书都不够，不过我们还可以再讲一个猎户座的故事。

我们已经在第 16 页认识了俄里翁（猎户座），他曾是一个勇猛的猎人，带着两个伙伴大犬（座）和小犬（座），四处狩猎。但他也是个喜欢自吹自擂的家伙，他曾夸口说没有猎物能够逃脱他的追捕，惹恼了女神赫拉。一天，当俄里翁追捕一只野兔时，赫拉让蝎子蜇了他的脚踵，俄里翁因此死去。

当时有一位非常有名的医师阿斯克勒庇俄斯，据说他跟蛇学了一些神秘医术，也经常随身携带一条蛇。阿斯克勒庇俄斯被召来拯救俄里翁，神奇的是他竟然让俄里翁复活了。

不过，故事并没有就此结束。死神哈迪斯听说了这件事后忧心忡忡。如果死人能被医师救活，他的王国将会是一幅怎样的景象？他将此事告诉了哥哥宙斯，宙斯听完后就扔出一个霹雳，杀死了俄里翁，为绝后患，他连阿斯克勒庇俄斯也一起杀掉了。

从那以后，故事中的人物都出现在了星空中：俄里翁和他的两只狗，阿斯克勒庇俄斯（蛇夫座）和他的宠物蛇（巨蛇座），蝎子（天蝎座）和俄里翁出意外时猎捕的那只野兔（天兔座）。为防止它们再惹出麻烦，射手座（参见第 34 页）被放在了

天蝎座附近，猎户座和天蝎座则分别被放在天空中相对的位置。猎户座在冬季夜空闪闪发光，天蝎座则出现在夏季夜空，一直到今天，都是一个升起一个落下。

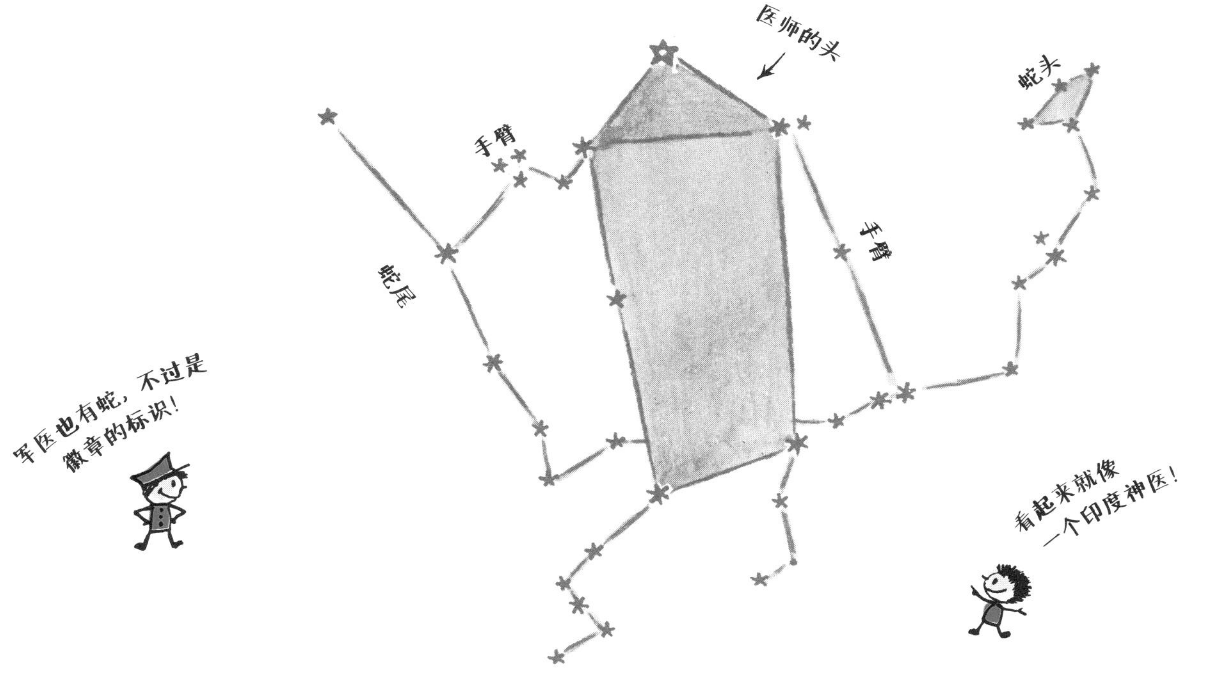


蛇夫座：因为手中握着蛇，医师在天空中被称为蛇夫。在星空图中找到它很容易，但要在真正的夜空中找到它需要花一点心思，因为蛇夫座的大多数星星都很暗淡，而且距离遥远。

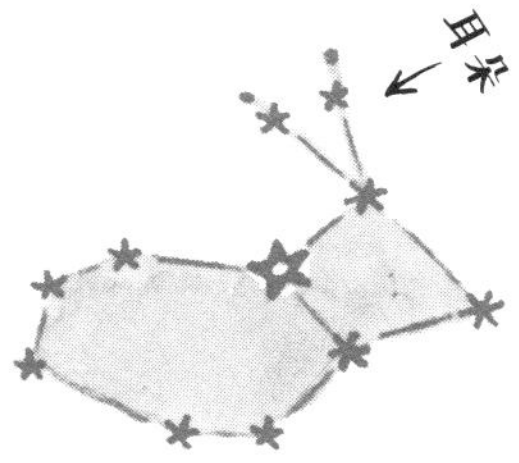


天兔座的头部集中了几颗比较亮的星星，冬季晴朗的夜晚可以在猎户的脚下找到它（参见第 29 页）。

在第 46 ～ 47 页的星空图 3 中可以找到天蝎座，医师和他的蛇就在天蝎座上方，射手则站在左边守卫着，随时准备放箭。

星空图3

面朝北方

# 夏　季

8月1日晚9点的星空

如果这个时间不方便，可以在

6月15日……

7月1日……

7月15日……

8月15日……

9月1日……

上面的星星就是你在真实的星空中看到的样子——

不看右页，你能找到北斗七星吗？现在它在北极星的左边或者说西边，仙后座在它的右边或者说东边，与第 27 页星空图 1 中的位置正好相反。看一看，比较一下这两幅图！再看一下第 51 页的图，北斗七星位置下移，仙后座升了上去。比较四幅北方星空图（第 27、37、45、51 页），你就能看出北极星附近的星座在周围徘徊，而北极星静止不动，远处的星座坠入西方的地平线，再从东方升起来。现在是观测

星等

1　2 3 4 5

# 星　空

星空图3

面朝北方

看起来是这样的。

以下时间看到同样的星空：

……午夜

……晚11点

……晚10点

……晚8点

……晚7点

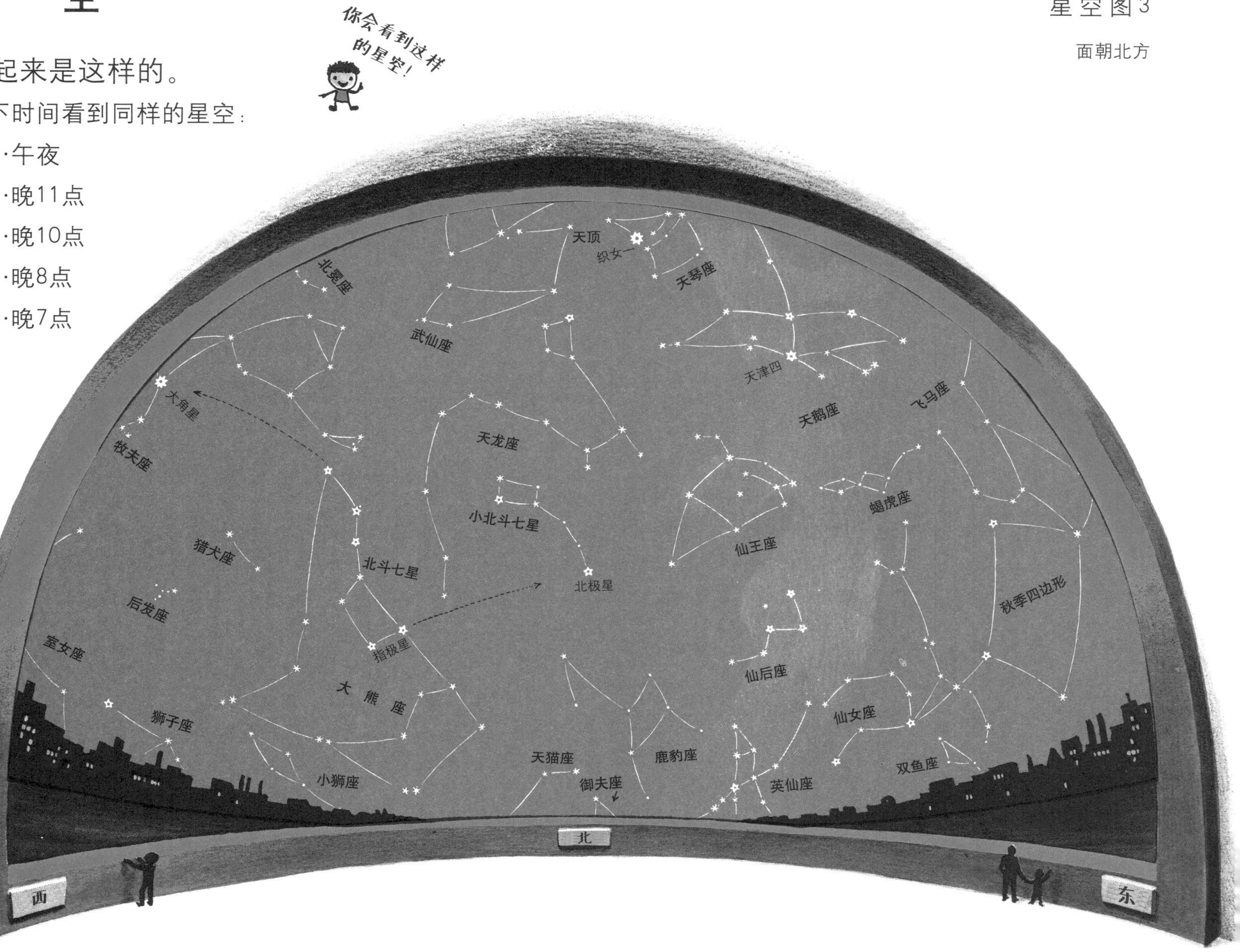


——上面是同样的星星，不过连着线以便展示星座

天龙座的好时机，龙的头高高扬起，接近天顶。天顶，就是正对头顶的那一点，在所有星空图中都会标示出来。

如果你在户外，抬头看看北斗七星勺柄中间的那颗星。有一颗很暗的星星非常靠近它，好像骑在上面，这两颗星被称为“马和骑士”。任何时候你都可以看到“骑士”，古人曾用它来测试视力：如果能看到，就说明你的视力没问题。

星空图3

面朝南方

# 夏　　季

8月1日晚9点的星空

如果这个时间不方便，可以在

6月15日……

7月1日……

7月15日……

8月15日……

9月1日……

上面的星星就是你在真实星空中看到的样子——

在银河的高处，天鹅和天鹰迎面翱翔，而在南地平线上，射手弯弓指向天蝎。天蝎座美丽的红色亮星心宿二光彩夺目，7 月 4 日那天出门看看它吧。当天晚上标准时间 9 点，心宿二几乎就在正南方，请试着找出蝎尾的“猫眼”[①]。多花点工夫，你也许能找到蛇夫座。如果能找到，你就真的很厉害啦！织女一、河鼓二和天津四组成了著名的“夏季大三角”，织女一恰好在直角交角的位置，观星者都知道，很容

①猫眼：位于天蝎座蝎尾的尾宿八（又被称为天蝎座 λ 星）和尾宿九（又被称为天蝎座 υ 星）距离很近且都较亮，所以也称为“猫眼”。

# 星　空

星空图3

面朝南方

看起来是这样的。

以下时间看到同样的星空：

……午夜

……晚11点

……晚10点

……晚8点

……晚7点

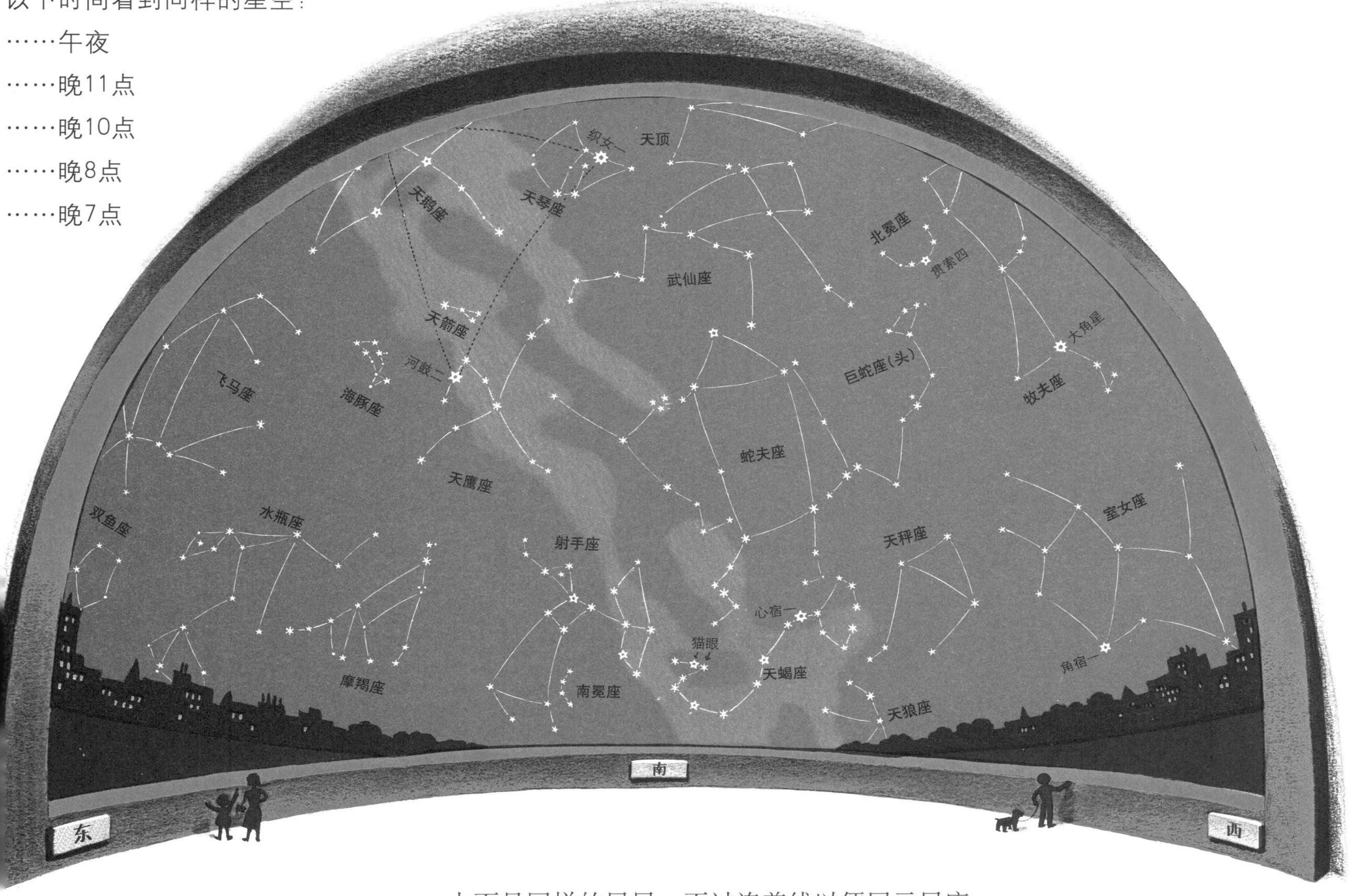


——上面是同样的星星，不过连着线以便展示星座

易找到它。

蛇夫座上方有一个我们尚未认识的星座：以手持木棒的男人形象出现的武仙座（英文名 Hercules，赫拉克勒斯）。赫拉克勒斯是一位以神力著称的希腊英雄，但作为星座，就比较孱弱，没有什么亮星。不需要对它太用心，不过可以试着找出海豚座。它是一个靠近银河的可爱星座，离天鹰头部排成一线的 3 颗星不远。海豚座不难找，你会喜欢它的。

# 每天4分钟

没人能过早地预知天气情况。最好的气象员也不能提前一周预测下周二是晴天还是雨天。

观测星星就不一样了，我们总能准确预测哪些星星将出现在夜空。不仅能预知几周后星空的变化，还能精确到具体时间：某年某月某日某时。之所以能做到这一点，是因为星星有一张时刻表，它比世界上任何火车时刻表都要可靠，就像钟表发条一样有规律。学习了这张时刻表，我们就能明白为什么一年中有些时候能看到一些星星和星座，而在其他时间看不到。

幸运的是，这张星星时刻表非常简单易懂。简单到用一句话就能概括：任何一颗星星每天都比前一天早 4 分钟升起和落下，就这么简单。

听起来很容易，那我们为什么要在意这区区 4 分钟呢？这 4 分钟究竟能带来什么不同？每天 4 分钟，累加起来的话，变化可就大了。一周就是 7 个 4 分钟，28 分钟。这就相当于半小时了，一个月就是 30 个 4 分钟，也就是 120 分钟或者说整整 2 小时。

所以我们也可以这样描述这张时刻表：星星每天都比一个月前的同一天提前升落 2 小时。也就是说，2 个月后它们就提前 4 小时升起；6 个月后就是提前 12 个小时；12 个月后则提前 24 个小时，任何小朋友都能算出来。12 个月就是 1 年，24 小时则是一整天。因此，一年后，同一颗星星会在一年前的同一时间升起，我们也回到了起点。

现在以天狼星为例，我们对它进行整年追踪。1 月 1 日，天狼星大约在晚上 7 点升起，在凌晨 3 点落下。如果还醒着，你就能一直看到它。下面是它升起和落下的时刻表，可以看出每个月都比前一个月早 2 小时：

1月1日：晚7点升起，凌晨3点落下
2月1日：下午5点升起，凌晨1点落下
3月1日：下午3点升起，晚11点落下
4月1日：下午1点升起，晚9点落下
5月1日：上午11点升起，晚7点落下
6月1日：上午9点升起，下午5点落下
7月1日：上午7点升起，下午3点落下
8月1日：早晨5点升起，下午1点落下
9月1日：凌晨3点升起，上午11点落下
10月1日：凌晨1点升起，上午9点落下
11月1日：晚11点升起，早晨7点落下
12月1日：晚9点升起，早晨5点落下
1月1日：晚7点升起，凌晨3点落下

几乎可以整晚看到天狼星。
现在你只能在晚上看它一眼！
只在白天升起，完全看不到它！
现在如果晚点睡，就能再看到它。
几乎又可以整夜看到它！

所以，一年后，我们又回到了起点。

天狼星的升降规律也适用于其他星星，而且不仅仅适用于星星的升起和落下。可以这样说：无论你在天空何处看到一颗星星或一个星座——或高或低，任何位置——一个月后，只要提前 2 小时你都能在相同位置看到它。当然，如果是白天，你就无法看到啦。

你可以对照每张星空图中的时间表，找出这一时间规律。比如，星空图 1 是针对 2 月 1 日晚 9 点的星空，你在图中看到的星星与 1 月 1 日晚 11 点或 3 月 1 日晚 7 点一模一样。

# 秋　季

星空图4

面朝北方

11月1日晚9点的星空

如果这个时间不方便，可以在

9月15日……

10月1日……

10月15日……

11月15日……

12月1日……

12月15日……

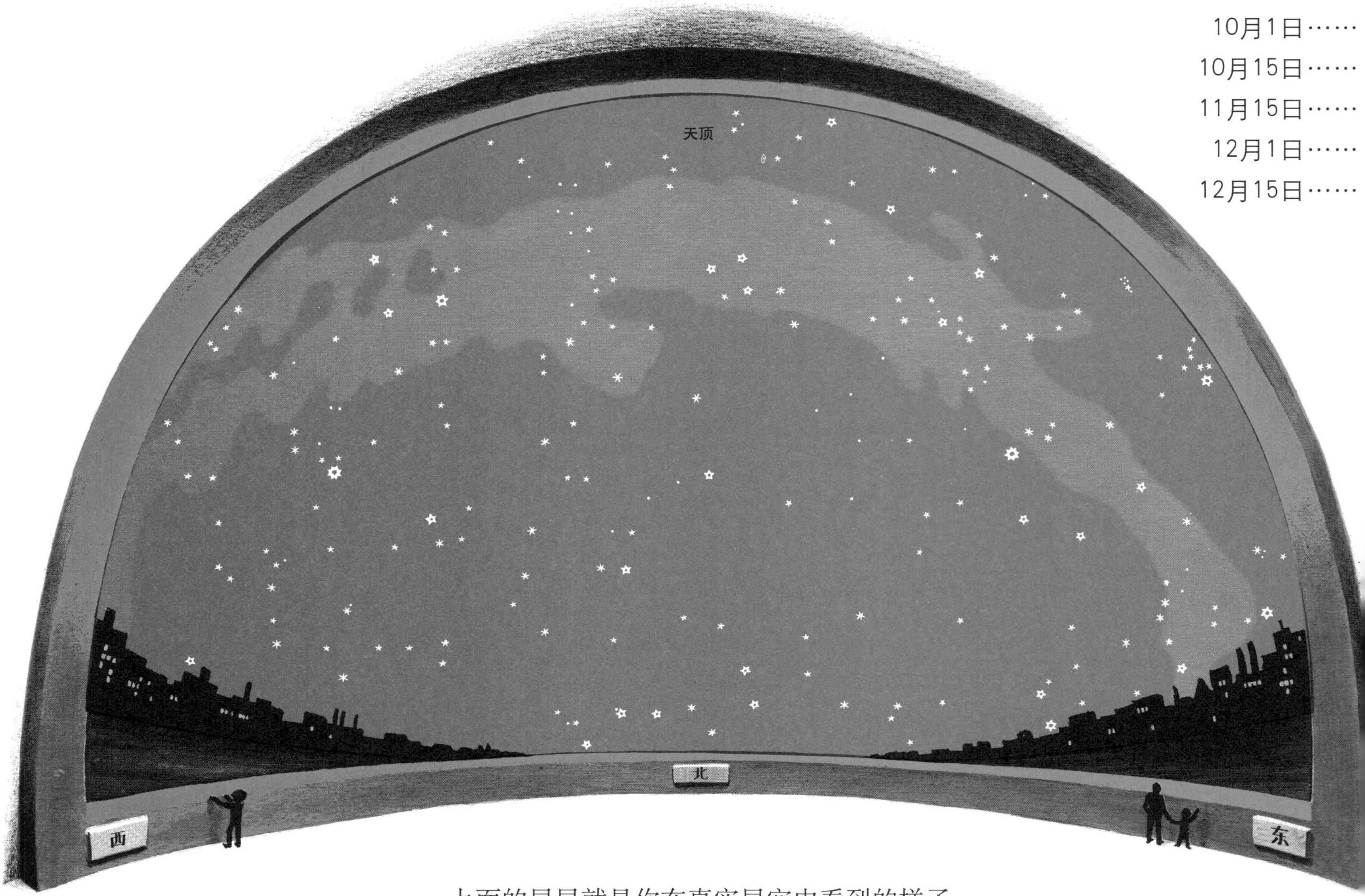


上面的星星就是你在真实星空中看到的样子——

这幅星空图上的星座我们都见过了。当然，它们已经移动了位置，并且会继续移动，直到回到在星空图 1 中的位置。就这样依规而行，季复一季，年复一年。

注意到天顶不远处、仙女座膝盖附近的小漩涡吗？这就是著名的仙女座星云。在清朗幽暗的夜晚，你就能看到这一团幽暗的光。它很小，但值得寻找：它是距离我们最远的天体，可是任何人裸眼都能看到它。这一团朦胧的物体看上去那么小，

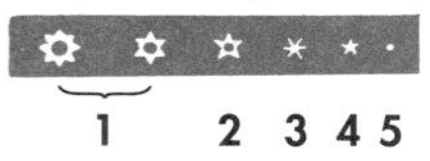

# 星　　空

看起来是这样的。

以下时间看到同样的星空：

……午夜

……晚11点

……晚10点

……晚8点

……晚7点

……晚6点

星空图4

面朝北方

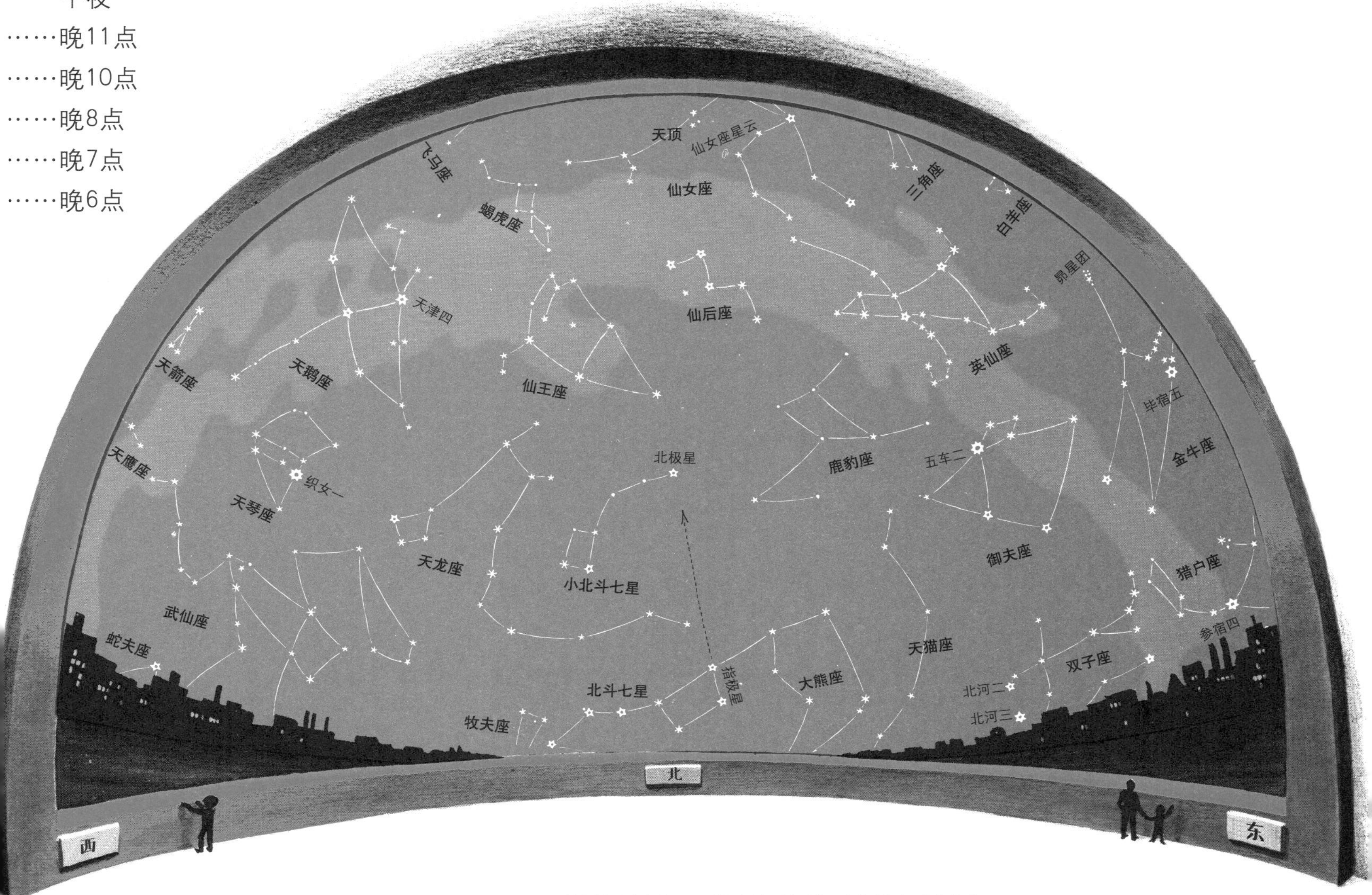


——上面是同样的星星，不过连着线以便展示星座

实际上却是我们能看到的最大的天体。它是一个星系，是遥远的太空中由千亿颗星星组成的巨大星际物质。有多远？请屏住呼吸：大约 220 万光年！我们看到的这个星系的光，其实是 220 万年前发出的，比石器时代的人们第一次点火和制造石器工具还要早 100 万年。

# 秋　季

星空图4

面朝南方

11月1日晚9点的星空

如果这个时间不方便，可以在

9月15日……

10月1日……

10月15日……

11月15日…

12月1日……

12月15日……

上面的星星就是你在真实星空中看到的样子——

在浩瀚的太空中，有无数这样的星际物质或星系，但需要借助望远镜才能看到，因为它们都距离我们数百万光年。仙女座星云虽然也很遥远，但已经是距离我们最近的邻居星系之一了。我们自身，包括太阳及其行星和我们能看到的所有星星，也在如此巨大的星群之内，组成我们自己的星系。

# 星　空

星空图4

面朝南方

看起来是这样的：

以下时间看到同样的星空：

……午夜

……晚11点

……晚10点

……晚8点

……晚7点

……晚6点

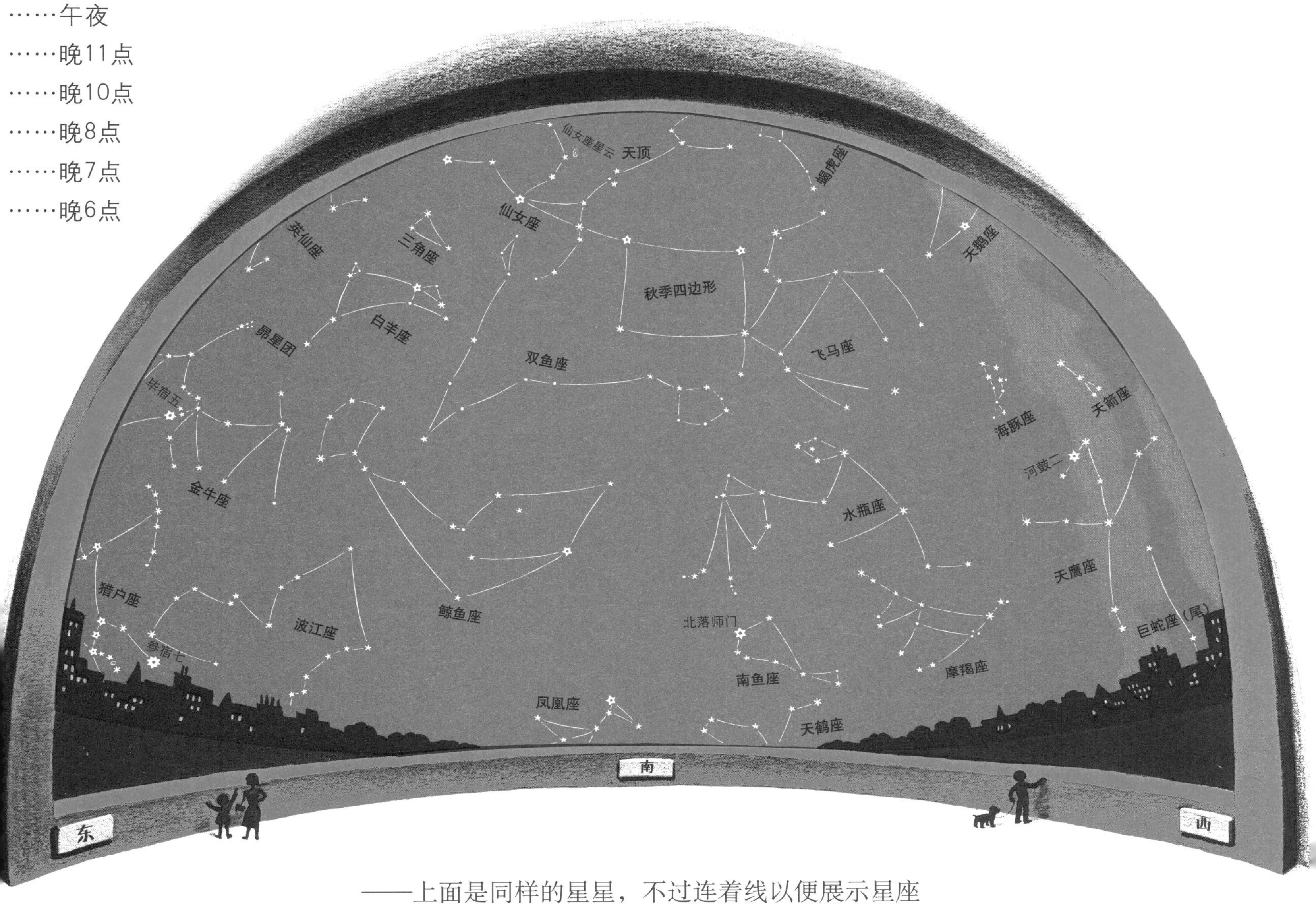


——上面是同样的星星，不过连着线以便展示星座

我们所在的星系也由数千亿颗星星组成，形状像一个不规则的“大风车”，直径约 12 万光年，星星像水流一样以螺旋状从中心扩散开来。我们在空中看到的这个“大风车”的边缘就是银河。

# 户外观星

我们已经熟悉了主要星座的形状和它们的亮星。走，到外面在天空中寻找它们吧，这将充满乐趣。想要得到最佳效果，那就牢记以下事项：

1、带上这本书和手电筒再去欣赏夜空中的美景。用红色指甲油把手电筒玻璃涂红，这样亮光就不会刺眼了。

洗甲水可以洗掉指甲油。

2、找一处不受树、建筑物或街灯干扰的地方。城市中的公寓天台是个很好的观测点，但要注意安全，一定要找有防护墙或围栏的天台。

3、参考第 66 页的时间表，选择适当的观星时间。它能告诉你选用哪张星空图，以及在一天的几点使用它。这非常有用，否则你就要费很多工夫去寻找星座。几次观星后你就会记住星座在真实夜空中的模样，不那么依赖时间表了。

4、找一个没有月亮的晴朗夜晚。除了最亮的星星，月光也会遮住其他星星，那你就无法辨认出许多星座。在干净又没有月亮的夜晚，可以看到很多在星空图中见不到的非常暗的星星，我们不需要靠它们寻找星座。同时，也不要试图在夜空中找到星空图上的所有星星。因为一些星星会被浮云遮住，靠近地平线则会被浮尘遮挡。

5、来到户外，先找到北斗七星和北极星，以确定方位。面朝北方或南方：星空图就是这样绘制的。记住，一定要先找出最亮的星星，对照星空图识别出它们。刚开始别指望一晚上就找出很多星座，每晚找出四五个就不少了。

今晚月亮太亮了，
只有几颗星星！

6、当你仰望星空时，一定找个地方坐着或躺着，以免脖子酸痛。如果你想看流星（8 月是观赏流星的最佳月份），也要躺下来，还得垫上一张毯子，因为夏夜的草地往往沾着露水。

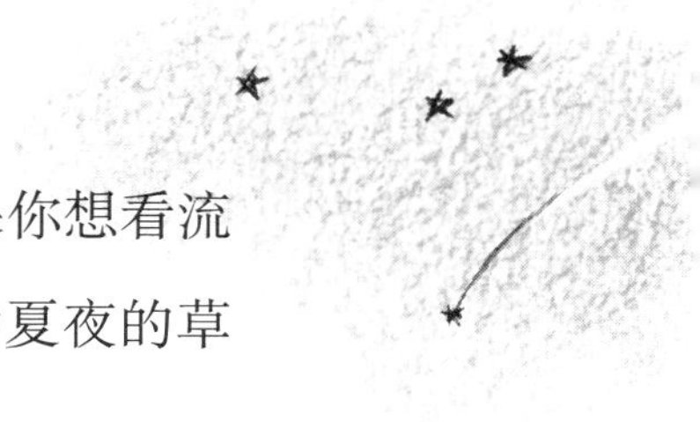

7、最后寻找行星。夜空中，你看到的任何一颗没有出现在星空图中的亮星都很有可能是行星。而且极有可能是以下 4 颗：金星、火星、木星和土星。可能还有水星，但通常很难看到它的身影，我们还是忽略它吧。

你可以通过外表来识别行星。金星比任何恒星都亮，一眼就能认出来。晚上你可以看到金星，这时它是一颗闪亮的昏星；日出前也可以看到它，此时就是一颗晨星，但绝不会在午夜见到，它在空中的位置永远不会太高。木星没有那么亮，但仍然比一般的星星耀眼，所以也很容易辨认。你总能凭借红色的光芒认出火星，不过它的亮度多变，随着与地球距离的变化，亮度也从微亮到明亮变幻不定。土星总是熠熠生辉，泛着黄色光晕。木星和金星都闪着白光。

一般来说，任何夜晚，我们至少都能看到一颗行星。通常的情况是，可以同时看到两颗或更多，总能在黄道十二宫星座中或附近找到它们。

下面就让我们了解更多有关行星的知识。

我怎么知道火星什么时候
显得较亮?
“行星发现者”
会告诉你!

# 行　星

你或许经常在宇宙故事中听到行星的名字，可能还知道八大行星：水星、金星、火星、木星、土星、天王星、海王星和我们的地球。

我们刚认识了前 5 颗行星，而且不用望远镜就能看到。可能你以前常常看到其中一颗或另一颗，只不过当时没有意识到那是一颗行星。你很可能以为只不过又是一颗普通星星。正如我们所见，行星看上去很像普通星星，但它们并不是普通星星。那行星和恒星之间究竟有什么不同呢？我们来找找看吧。

1. 恒星距离我们非常遥远，有数光年或者数百光年，甚至数千光年的距离。

2. 因为热度非常高，恒星本身就会发光。

3. 大多数都很大，许多恒星比太阳都大得多。

4. 数千年来，恒星在天空中的位置相对不变，这就是它们被称为“恒星”的原因。

星座都是由恒星组成，并且整体穿行于天空，好像编队飞行的飞机一样。

行星则不同。

1. 与恒星相比，行星距离我们很近，不需要以光年计算，光分或光秒就足够了。即使是距离最远的行星——冥王星也要比最近的恒星近数千倍。

2. 行星自身不因热量而发光。它们通过反射太阳光才如此耀眼。

3. 行星比你看到的任何恒星都小，行星与恒星相比就好像拿豌豆或弹珠与沙滩球相比。

4. 行星四处游荡。几周、几个月或几年时间里，你可以看到它们缓慢地游走于黄道十二宫的星座之间。与恒星相比，行星在天空中没有相对固定的位置，这也是我们无法把它们画进星空图的原因。

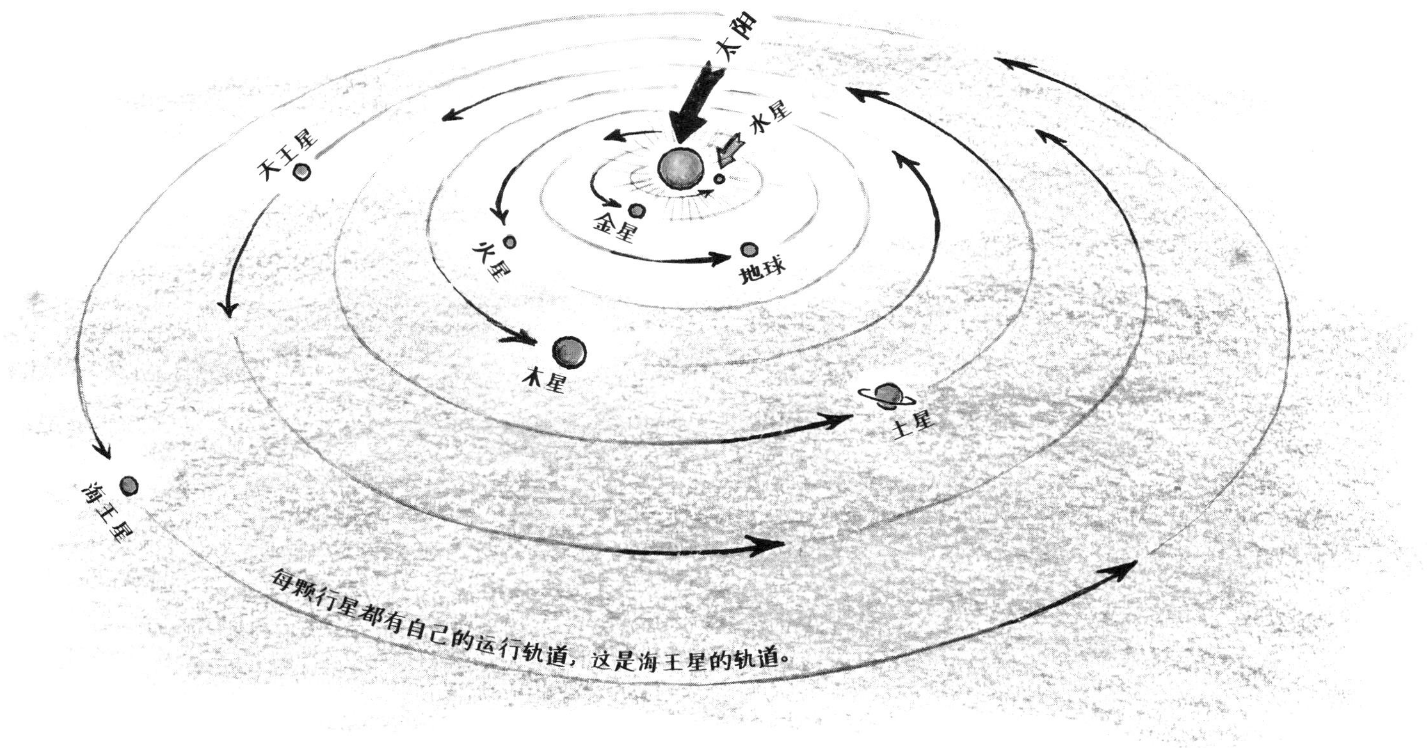


## 太阳系

包括地球在内，所有的行星都围绕着太阳转动，太阳和围绕着它转动的行星共同组成太阳系。行星围绕太阳运行的路径被称为轨道，而且每条轨道都是固定不变的。各个行星以不同的速度围绕太阳转动，环绕一周的时间都被称为一行星年。不仅地球有年的概念，水星、金星、火星和其他行星都以此计时。行星距离太阳越远，它的“年”就越长，冥王星的一年相当于地球的 250 年。

有些行星有自己的卫星，它们围绕着行星转动，就像行星绕着太阳转一样。地球的卫星是月球，现在也有一些人造卫星绕着地球转动，但它们不会永远待在运行轨道上。

下面让我们更近距离地观察行星。

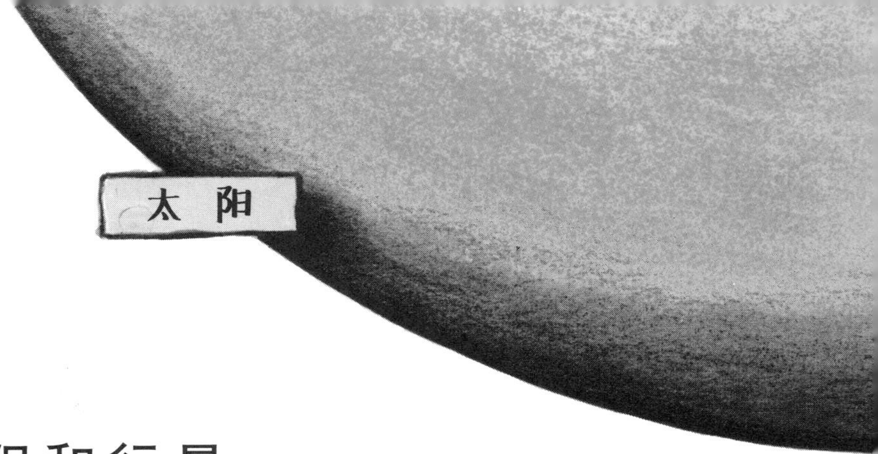


# 太阳和行星

下面就是太阳和八大行星，全部是按相同比例尺绘制的。行星都按照离太阳从近到远的顺序排列。你可以看到，8 颗行星的大小很不一样，但和太阳相比，它们又都那么渺小。

太阳：一个充满炽热气体的庞大球体，直径约 139.2 万千米，温度极高：表面温度约为 6000℃，核心温度高达千万摄氏度。我们只能画出太阳的一部分，因为即使参照本图的比例，它也太大（直径约 30 厘米），无法在书页上正常展示。

水星：行星中的小婴儿，直径只有约 4880 千米。它距离太阳约 5800 万千米，是离太阳最近的行星。水星向阳的一面温度非常高，高到可以熔化铅块，背阴的一面温度则只有零下 125℃。简直找不到一个适合度假的好地方。水星绕行太阳一圈耗时 88 天（=1 水星年）。水星上没有大气，外围也没有卫星。

金星：直径约为 12191 千米，大小与地球相当，距离太阳约 1082 万千米，是离太阳第二近的行星。金星的大气非常稠密，温度也非常高，大约能达到 480℃，比沸水（100℃）热很多。想知道金星上是否有生命（虽然可能性不大），我们必须前往金星，你想试试吗？从金星上无法看到星星和太阳，因为浓密的大气层从不消散。1 个金星年是 225 天——按照地球的一天计算。金星也没有卫星。

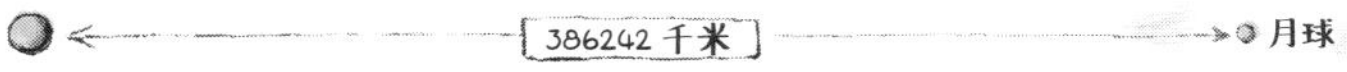


地球：离太阳第三近，距离约 1.5 亿千米，直径大概有 12755 千米。绕太阳一圈需要 365.25 天，也就是我们所说的地球上的一年。完全适合人类居住的地方，恐怕没有比地球更宜居的星球了。地球只有一颗卫星——月球。月球直径约 3476 千米，距离地球约 38.6 万千米。（小图参考真实比例画出了月球到地球的距离。）

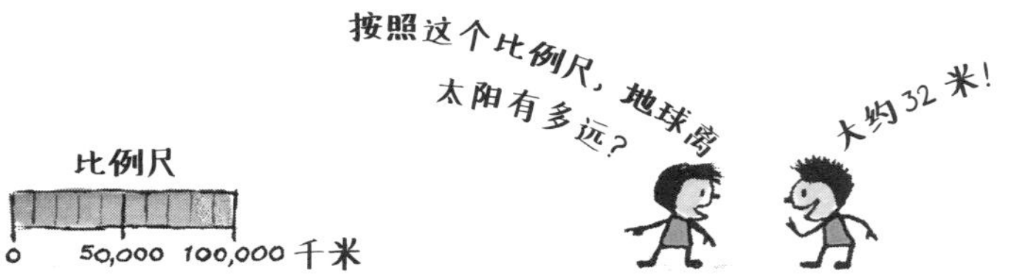

火星：离太阳第 4 近，距离太阳约 2.3 亿千米。比地球小很多，直径只有 6794 千米。大气非常稀薄，很冷，温度只有零下 100℃左右。根据水手 4 号航天探测器传回来的图片，火星表面布满火山坑，与月球表面相似。火星上没有生命迹象，所以当你登陆火星时，不要指望见到坐在飞碟里飞来飞去的火星人。火星年约为地球年的 2 倍：687 天。火星有两颗小卫星，直径都不超过 16 千米。

木星：第五大行星，距离太阳约 7.8 亿千米，行星中的巨人，直径长达 14 万千米。木星温度非常低，约为零下 128℃。谢绝访客，你可以在它的 16 颗卫星中找一颗登陆，其中两颗卫星比水星还大。木星有一圈薄薄的光环。木星年是地球年的 12 倍。

土星：第六大行星，距离太阳约 14.3 亿千米，直径约 12 万千米，也是一个巨人。除了 17 颗卫星，土星还以它的光环闻名，这些光环由数百万颗小卫星组成。土星的温度比木星还低，仅为零下 156℃。土星年约为地球年的 30 倍。

天王星：第七大行星，距离太阳约 29 亿千米，直径约 5.2 万千米。温度低至零下 184℃，距离太阳越远，行星温度越低。天王星有 5 颗卫星，绕太阳一圈需 84 年(=1 天王星年)。9 条细小暗淡的光环环绕着它。

海王星：第八大行星，距离太阳约 45 亿千米，直径为 4.95 万千米，至少有 3 颗卫星。海王星年是地球年的 165 倍。温度低于零下 184℃，哇哦！

那些小行星呢?
它们太小了，这个比例的图中展示不出来。在第 67 页看看它们吧!

# 借助星星游太空

想象你正驾驶着一艘火箭，驶向火星。一旦离开了地球，你应该飞向哪个方向呢？

你或许会说：“这很简单！我朝着火星开，一直朝着那个方向前进，直到抵达目的地。”这可不对，因为：

前往火星的旅程需要几个月的时间（火星距离地球5600万多千米），而且当你飞向火星的同时，火星也在快速移动！它以每小时8万多千米的速度在轨道上移动。所以别想着追上它，只会浪费燃料、食物和氧气，而且很可能永远也追不上它。

那该怎么办呢？你必须要像拦截火星一样飞行！飞离地球时，不要朝火星的方向飞行，而要沿自己的轨道飞行。这个轨道要被设计成将在某一点与火星轨道相遇，你必须计算好起飞时间，这样飞船才能在火星出现在接轨点的时候准时抵达。

科学家会测算出运行轨道和准确运行时间：大约需要8个月。即便大多数时候你的飞船都在沿轨道运行，但仍需要经常检查飞行线路，利用短时火箭助推力校正方向。如何完成这些检查呢？答案就是：借助星星，星星就是你的路标。你一直能看到它们，在太空中，它们绝不会被云层遮蔽。

幸运的是，在太阳系中，你看到的星星和星座都和在地球上看到的一模一样。因此，在飞往火星的旅途中，你可以利用已经认识的星星完成航线检测。

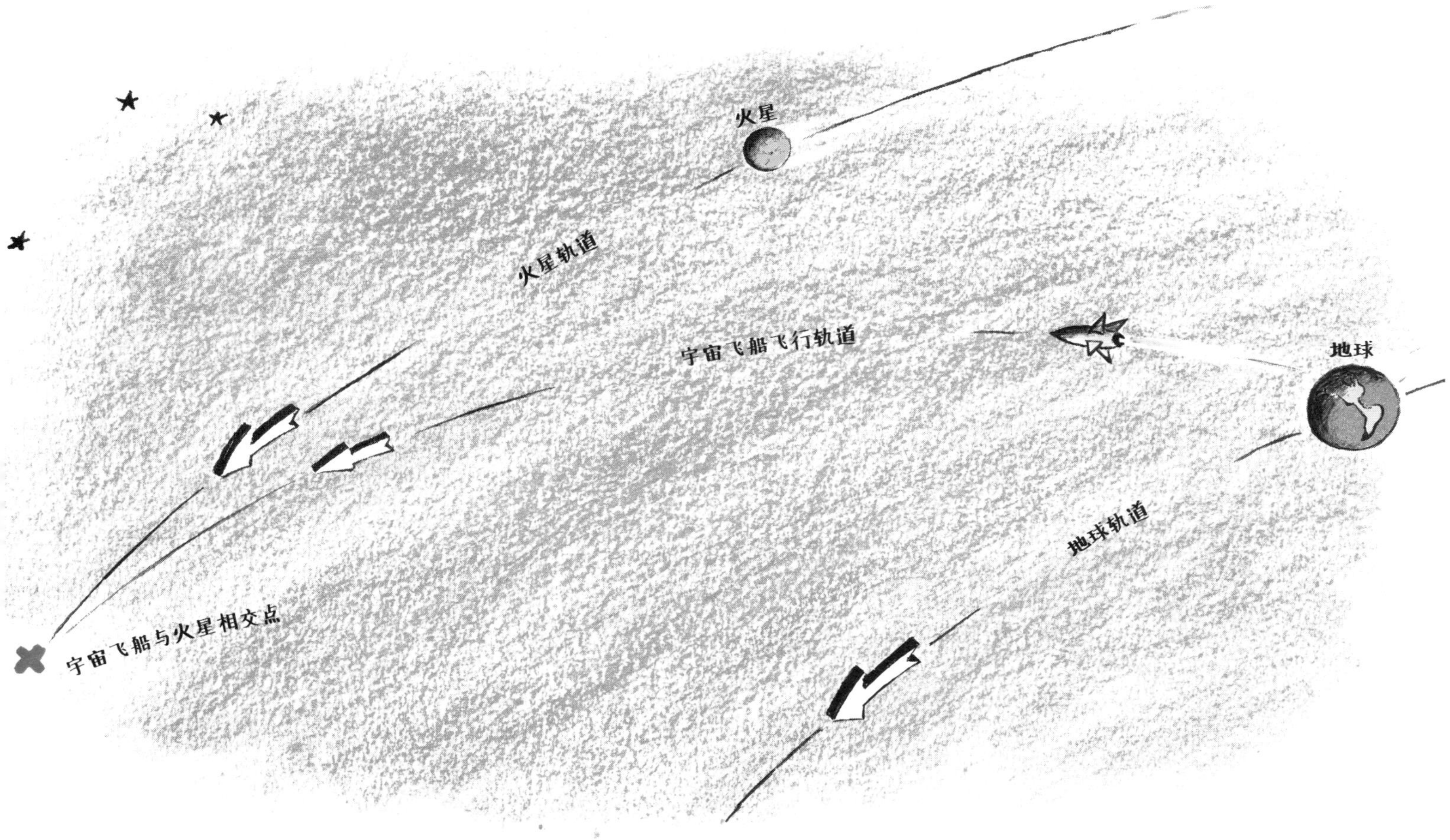


如果旅行目的地是月球，那就容易多了。月球距离近得多，这趟旅程也更短，只需要几天时间。但你仍需要截住月球，也就是说，还是要借助星星和星座来确认航线。

## 从月球上看地球和星星

从月亮上看地球，比我们在地球上看到的 13 个月亮还大。图中靠近地球的星星属于天蝎座。从月球上看，地球总是处于某个黄道十二宫星座中或附近，从地球上看月球也是如此。

Lunar 是什么？
这个词源于 Luna，拉丁文月亮的意思。

珠穆朗玛峰高达 8844 米！

环形山众多是月球地貌的典型特征，有些月球山系高达 6000 米。月球上没有水，大气极为稀薄，几乎没有空气。月亮表面温度变化剧烈，有时极冷，有时极热，阳光下温度高达 127℃，背阴处低至零下 183℃。因此在月球上的观测器需要安装增压和气体调节装置，才能正常工作。

## 宇宙飞船飞向火星

宇宙飞船已经完成航程中极为重要的一段，即将登陆火星。火星上方是北河三和北河二，火星与宇宙飞船之间则是双子座的其他星星。南河三、参宿四和毕宿五也在那儿，你应该能找到它们。

这是我们设想的未来可能实现的一幕。人类想要踏上火星可能还需要一段时间，但是宇航员已经多次登陆月球，并在表面行走。与此同时，我们在地球上仍将继续用星星导航。飞船和飞机的驾驶员离开星星就无法正常工作，没有这些忠实的天空导航仪，现代航海和航空就无法实现。

星空之旅到这里就结束啦。

现在，我们已经能够找出星座，夜晚看到一颗亮星，应该也能认出来，并像朋友一样跟它打招呼。

当然，这本书只是一个开始。它不能告诉你有关星星的所有知识。即使是一本数百页的书，也不能写全有关星星的所有知识。

如果你想了解更多有关恒星、行星和星系的知识，还想了解有关日食、月食、彗星以及其他宇宙知识，那就再多读几本书吧。下面两本也许会有帮助，当然还有很多我们没提到的书。

你还想了解关于宇宙
和星座的知识?
可以看这些书!

关于宇宙

宇宙之美

**《宇宙之美》**

作者：〔日〕渡部好惠 著

出版社：南海出版公司

出版时间：2014 年

关于星座

星座之美

**《星座之美》**

作者：〔日〕渡部润一 监修

出版社：南海出版公司

出版时间：2014 年

再次祝大家观星快乐！

# 傍晚时分最早出现的群星

这张时间表只适用于户外观星。如果你不到户外看星星，就用不着。它标示了出傍晚时分最早出现的星星，这个时间通常是在一年中每个月的第一天或前后几天日落后半小时。

从夜幕降临到大量星座出现之前，你可以看到第一群亮星。在逐渐暗淡的天空中辨认出它们是一件十分有趣的事情，亲眼看见一颗亮星从地平线升起尤其令人兴奋。这张表还能告诉你在天空中什么位置可以看到这些星星。

第 71 页的“星空概图”呈现了所有星星之间的方位关系，非常有用。不要被行星迷惑，这张表没有把它们列入其中。

**1 月**：五车二从东北方冉冉升起。织女一在西北方缓缓落下。五车二右侧是毕宿五。织女一上方是天津四。织女一左侧是河鼓二。织女一、河鼓二和天津四组成了观星者都知道的著名大三角形（称为“夏季大三角”）。眺望东方地平线，可以看到参宿七和参宿四随时将要升起。

**2 月**：天狼星在东南方低空升起。五车二高悬于东方。天狼星左侧是南河三。天狼星上方右侧是参宿七位于，左侧是参宿四。五车二右侧是毕宿五。五车二下方是双子座的北河三和北河二。西北方，天津四正在落下。记住由天狼星、南河三、北河三、北河二和五车二组成的“天狼星巨弧”。

**3 月**：天狼星位于东南方。五车二正在你的正上方。参宿七和参宿四在天狼星的右上方。南河三在天狼星的左侧。沿天狼星巨弧遥远的上方是北河三和北河二。参宿七上方是毕宿五。轩辕十四正从东方低空升起。在西北方的极低空，可以隐约看到天津四的身影。

**4 月**：天狼星位于西南方。五车二接近头顶位置。天狼星右侧是参宿七。参宿七的左上方是参宿四。天狼星的左上方是南河三。沿天狼星巨弧的远方（参照 2 月说明）是北河三和北河二，它们接近头顶位置。参宿四右侧是毕宿五。轩辕十四位于东南方高空。东北地平线上的大角星正准备升起。

**5 月**：天狼星在西南低空落下。大角星高挂在东方天空。五车二位于西方，正在缓缓落下。天狼星左上方是南河三，沿天狼星巨弧（参照 2 月说明）向远处看，北河三和北河二在南河三和五车二中间。天狼星右侧是参宿四，更远一点还有毕宿五。轩辕十四在东北高空，角宿一则在东南方，就在大角星的右下方。

**6 月**：大角星几乎升到头顶。织女一从东北方升起。五车二位于西北低空。南河三则在西南低空。两颗星都在落下。这两颗星之间的较高处是北河三和北河二。轩辕十四挂在西南方高空。大角星右下方是角宿一。天津四正从东北地平线上升起，它就在织女一左侧；而距离织女一较远的右侧，心宿二正从东南方升起。

**7 月**：大角星仍然处于接近头顶的位置。织女一出现在东方高空。角宿一仍在大角星的右下方。轩辕十四正从西方落下。在南方，心宿二正闪烁着耀眼的红光。织女一的左下方是天津四，距离织女星较远的右下方则是河鼓二。注意观察由织女一、河鼓二和天津四组成的著名“夏季大三角”。

**8 月**：织女一将要升到头顶了。大角星高挂在西方天空。织女一的下方，天津四在左侧，河鼓二则在右侧。找出“夏季大三角”（参照 7 月说明）。红色的心宿二出现在南方。角宿一则从西南低空落下。

**9 月**：织女一终于升到了头顶位置。大角星位于西方。织女一下方，天津四仍然在左侧，河鼓二也还在右侧。继续找出“夏季大三角”（参照上文说明）。红色的心宿二移至南方低空。而位于它右侧远处的角宿一正沿西南方向落下。

**10 月**：织女一仍然在头顶。大角星从西方落下。织女一的下方，天津四在东方高空，河鼓二则在南方高空。看看“夏季大三角”（直到 1 月仍可见）。红色的心宿二从西南低空落下。东南低空，北落师门缓缓升起，宣告秋季的到来。

**11 月**：织女一稍稍偏离正上方位置。大角星在西北低空，即将跌落地平线。天津四来到了头顶上方，河鼓二在西南高空。继续找到“夏季大三角”（参照上文说明）。北落师门仍在东南低空。而五车二正从东北方跃出地平线。

**12 月**：织女一挂在西方高空。五车二则仍从东北低空往上爬。织女一上方，天津四接近头顶位置。织女一的左下方则是河鼓二。看看由织女一、河鼓二和天津四组成的“夏季大三角”。毕宿五即将从东方地平线升起。

# 星空图时间表

这张时间表告诉你几点钟该用哪张星空图，适用于全年任何夜晚。

| 日期 | 选用星空图 | 时间 | 日期 | 选用星空图 | 时间 |
|---|---|---|---|---|---|
| 1 月 1 日 | 4 | 晚 6 点 | 7 月 1 日 | 3 | 晚 11 点 |
| | 或 1 | 晚 11 点 | 7 月 15 日 | 3 | 晚 10 点 |
| 1 月 15 日 | 4 | 晚 5 点 | 8 月 1 日 | 3 | 晚 9 点 |
| | 或 1 | 晚 10 点 | 8 月 15 日 | 3 | 晚 8 点 |
| 2 月 1 日 | 1 | 晚 9 点 | 9 月 1 日 | 3 | 晚 7 点 |
| 2 月 15 日 | 1 | 晚 8 点 | | 或 4 | 凌晨 1 点 |
| 3 月 1 日 | 1 | 晚 7 点 | 9 月 15 日 | 4 | 午夜 |
| 3 月 15 日 | 1 | 晚 6 点 | 10 月 1 日 | 4 | 晚 11 点 |
| | 或 2 | 午夜 | 10 月 15 日 | 4 | 晚 10 点 |
| 4 月 1 日 | 2 | 晚 11 点 | 11 月 1 日 | 4 | 晚 9 点 |
| 4 月 15 日 | 2 | 晚 10 点 | 11 月 15 日 | 4 | 晚 8 点 |
| 5 月 1 日 | 2 | 晚 9 点 | 12 月 1 日 | 4 | 晚 7 点 |
| 5 月 15 日 | 2 | 晚 8 点 | 12 月 15 日 4 | 晚 6 点 | |
| 6 月 1 日 | 3 | 凌晨 1 点 | | 或 1 | 午夜 |
| 6 月 15 日 | 3 | 午夜 | | | |

# 最亮的15颗星星

我国全境都能看到，按照亮度排序

| | |
|---|---|
| 大犬座天狼星，蓝光， | 距离 8.6 光年 |
| 牧夫座大角星，橙光， | 距离 36 光年 |
| 天琴座织女一，蓝白光， | 距离 25 光年 |
| 御夫座五车二，黄光， | 距离 42 光年 |
| 猎户座参宿七，蓝白光， | 距离 860 光年 |
| 小犬座南河三，黄白光， | 距离 11 光年 |
| 猎户座参宿四，红光， | 距离 640 光年 |
| 天鹰座河鼓二，黄白光， | 距离 16 光年 |
| 金牛座毕宿五，红光， | 距离 68 光年 |
| 天蝎座心宿二，红光， | 距离 550 光年 |
| 室女座角宿一，蓝光， | 距离 250 光年 |
| 双子座北河三，黄光， | 距离 34 光年 |
| 南鱼座北落师门，白光， | 距离 25 光年 |
| 天鹅座天津四，白光， | 距离 2600 光年 |
| 狮子座轩辕十四，蓝白光， | 距离 80 光年 |

我国只有南方可以看到：

船底座老人星，黄白光，距离地球约 310 光年，比织女一亮，仅次于天狼星。在北纬 35 度以南的地区，才有机会看到它。

不管哪一年
我都能使用
这张表吗?
你能用上 100 年，
只要你能活
那么久!

# 术 语 表

**阿拉伯语**：之所以很多星星的名字出自阿拉伯语是因为阿拉伯人是中世纪伟大的天文学者，他们给很多星球和星座取的名字现在还在使用。

**阿斯克勒庇俄斯**：古希腊神话中的医师，传说他升上天空变成了蛇夫座；p42。

**白羊座**：黄道十二宫星座之一；p26 ～ 27，p28 ～ 29，p35，p50 ～ 51，p52 ～ 53。

**半人马**：南天空的星座，我国只有南方几个省份在春天的晚上才能看到，p39。这个星座中著名的一等星半人马 α 星（南门二）是所有亮星中距离我们最近的，只有 4.2 光年。

**北斗七星**：大熊座中众所周知的一组星星（北斗星不是一个星座哦）；p5，p6，p7，p26 ～ 27，p30 ～ 31（寻找北方），p33，p36 ～ 37，p44 ～ 45，p50 ～ 51，p54。

**北河二**：双子座第二亮的星星，二等星，距离地球 49 光年；p12，p19，p26 ～ 27，p28 ～ 29，p36 ～ 37，p50 ～ 51，p63，p65，p66。

**北河三**：双子座一等星，淡黄色，距离地球 34 光年；p12，p19，p28 ～ 29，p36 ～ 37，p38 ～ 39，p50 ～ 51，p63，p65，p66。

**北极星**：小北极星中的二等星，相对孤立，因为其他星星组成一个圈围绕着它（它们并不是真的围绕着北极星转动，而是地球的转动让它们看起来如此）；p26 ～ 27，p30 ～ 33，p36 ～ 37，p44 ～ 45，p50 ～ 51，p54。北极星总是在北方，所以又叫北方之星。

**北落师门**：（阿拉伯语：鱼嘴）南鱼座一等星，白色，距离地球 25 光年；p21，p52 ～ 53，p65，p66。

**北冕座**：靠近牧夫座头部的美丽星座；有一颗二等星贯索四；p36 ～ 37，p38 ～ 39，p46 ～ 47

**毕宿五**：金牛座一等星，微红，距离地球 68 光年；p21，p23，p26 ～ 27，p50 ～ 51，p52 ～ 53，p65，p66。

**波江座**：南天星座之一，狮子座旁大而微弱的星座，我国只有南方才能看到它；p28 ～ 29，p52 ～ 53。

**参宿七**：猎户座最亮的星，一等星，青白色，距离地球约 860 光年；p13，p14，p19，p28 ～ 29，p52 ～ 53，p65，p66。

**参宿四**：（英文 Betelgeuse 发音听起来像“beetle juice”）猎户座第二亮的一等星，微红，距离地球 640 光年。英文名字是阿拉伯语，意思是“巨人的肩膀”；p11，p13，p19，p26 ～ 27，p38 ～ 39，p44 ～ 45。

**豺狼座**：南天星座之一，在我国的大部分地区，只能观测到它的尾部；p46 ～ 47。

**长蛇座**：室女座下方的微弱星座，有一颗二等星星宿一；不要和水蛇座混淆；p28 ～ 29，p38 ～ 39。

**大角星**：希腊语的意思是“熊的守护者”，牧夫座一等星，橙色，距离地球 36 光年；p8，p11，p15，p19，p21，p33，p36 ～ 37，p38 ～ 39，p65，p66。

**大犬座**：冬季星座，其中最亮的是一等星天狼星；p16，p18，p19，p28 ～ 29，p38，p42。

**大熊座**：北斗七星所在的星座；p7，p26 ～ 27，p33，p36 ～ 37，p38 ～ 389，p44 ～ 45，p50 ～ 51。

**地球**：距离太阳第三近的行星；p56 ～ 58，p60，p61，p62。

**飞马座**：靠近仙后座，飞马座是古希腊英雄（英仙座）的飞马；p26，p27，p40，p44 ～ 45，p46 ～ 47，p52 ～ 53；参见秋季四边形。

**凤凰座**：南天空的星座，只有热带和南半球才可以看到它；p52 ～ 53。

**贯索四**：北冕座的二等星；p36 ～ 37，p38 ～ 39，p46 ～ 47。

**光年**：光一年走过的距离。光一秒钟能走 30 万千米，一年走过约 94608 亿千米的距离。光年用来测量星球之间的距离；p14，p15。

**海豚座**：临近天鹰座头部的小星座；p46 ～ 47，p52 ～ 53。

**航天探测飞船水手 4 号**：拍摄了第一批火星照片（1965 年 7 月）。

**河鼓二**：又叫牵牛星，天鹰座一等星，黄白色光芒，距离地球 18 光年；p20，p22，p23，p46 ～ 47，p52 ～ 53，p65，p66。

**后发座**：拉丁语，贝雷奈西王妃的头发。靠近牧夫座的微弱星座，以古代一名王妃的名字命名，她因一头美丽的秀发而出名；p26 ～ 27，p38 ～ 39，p44 ～ 45。

**黄道**：太阳在天球中的路径。如果能在白天看到星星，我们会看到太阳从黄道十二宫的一个星座漫游到下一个，一年正好走一整圈。黄道贯穿十二宫星座的中部，当月亮进入黄道（经常这样），恰好在地球和太阳之间时，它会遮住太阳片刻，我们就看到了日食。黄道的名字由此得来。当地球运转到太阳和月亮之间时，则形成了月食。

**黄道十二宫**：希腊语是动物园的意思，十二星座形成的环绕天空的条带。通常在黄道十二宫星座或附近看到行星（除了冥王星），因此它很重要，你可以自己检查一下：p12，p17，p20，p34 ～ 35，p55，p56，p60 ～ 61。

**彗星**：若非全部，大多数彗星，都属于太阳系。彗星按照极长的椭圆形轨迹围绕太阳公转，拐角奇特。大多数彗星有着长长的尾巴，就像苍茫的恒星身后带着一缕朦胧的光。像行星一样，彗星在天空中没有固定的位置，从一个星座漫游到另一个星座。与行星不同的是彗星并不是特别笨重，人们完全可以透过光看穿它们。大多数彗星光芒微弱，只能用望远镜观测到。但偶尔也有明亮的出现，你不会错过的，因为它们会上新闻头条！人们曾经以为彗星很危险，但我们现在知道了，它们并不危险：p64。

**火星**：地球的邻居，是太阳系由内往外数的第 4 颗行星：p55 ～ 57，p59 ～ 61，p63。

**角宿一**：处女座一等星，距离地球 250 光年：p17，p23，p38 ～ 39，p46 ～ 47，p65，p66。

**金牛座**：十二宫星座，有一颗一等星毕宿五和一个星团昴星团：p21，p22，p23，p28 ～ 29，p50 ～ 51，p52 ～ 53。

**金星**：地球的邻居，是从太阳向外数的第二颗行星：p55 ～ 58。

**鲸鱼座**：大而光芒微弱的星座：p29，p40，p41，p52 ～ 53。

**巨爵座**：水蛇（长蛇座）背后的一个小星座：p38 ～ 39。

**开阳双星（目视双星）**：北斗七星勺柄中间的那颗星（二等星开阳星）和附近一个暗淡的星（名叫开阳增一，辅星）。这两颗星又被称为马和骑士，古代人常用作视力测试——如果两颗星都能看到，就说明你视力很好：p6，p7，p26 ～ 27，p36 ～ 37，p38 ～ 39，p44 ～ 45，p50 ～ 51。

**老人星**：又名“寿星”，船底座的一等星，在天空中第二亮：p28，p66。

**猎户座**：耀眼的冬季星座，相对于其他星座来说有更多的亮星；两颗一等星参宿七和参宿四：p13，p18，p19，p36 ～ 37，p42，p50 ～ 51，p52 ～ 53。

**猎犬座**：临近大熊座的一个小星座：p26 ～ 27，p36 ～ 37，p38 ～ 39，p44 ～ 45。

**流星**：根本就不是星星，而是星际空间以极快的速度坠落到地球的微小固体物质。这些星际物质因为与地球大气圈层发生强烈摩擦而发红——所以流星看起来像火花一样划过天空。大部分流星在坠落过程中已燃烧殆尽，但是也有一些落到地面——这就是我们所说的陨星：p55。

**鹿豹座**：极星附近微弱的星座：p26 ～ 27，p33，p36 ～ 37，p44 ～ 45，p50 ～ 51。

**猫眼**：天蝎座尾巴上的两颗星：p17，p46 ～ 47。

**昴星团**：位于金牛座的一小团靠在一起的星星，裸眼能看到 6 ～ 7 个，想看到更多的话就需要天文望远镜了：p21，p28 ～ 29，p50 ～ 51，p52 ～ 53。

**冥王**：古代的死神，p42，冥王星以他命名：p56，p57，p59。冥王星是最近在 1930 年发现的。

**牧夫座**：一等星大角星：p8，p11，p18，p19，p26 ～ 27，p33，p36 ～ 37，p38 ～ 39，p44 ～ 45，p46 ～ 47，p50 ～ 51

**南船座**：南天空的大星座，包括四部分：船帆，船尾，船底和罗盘，在我国北方可以看到半个船帆座；船底座有一颗一等星——老人星，在天空中第二亮，青白色，距离太阳系约 310 光年，只能在我国南方看到：p28 ～ 29，p38 ～ 39。

**南河三**：小犬座一等星，黄白色，距离地球 11 光年：p16，p28 ～ 29，p36 ～ 37，p38 ～ 39，p63，p65，p66。

**南冕座**：靠近射手座的微弱星座：p46 ～ 47。

**南十字座**：南天空的著名星座，北半球大部分地区看不到这个星座，我国只有南方几个省份能看到：p31。

**南鱼座**：小星座，一等星北落师门：p21，p52 ～ 53。

**麒麟座**：猎户座旁边的微弱星座。

**秋季四边形**：飞马座和仙女座的四颗星星形成的四边形，是秋季星空的标志：p26 ～ 27，p41，p44 ～ 45，p52 ～ 53，参见飞马座。

**三角座**：靠近银河的小星座：p26 ～ 27，p50 ～ 51，p52，p53。

**蛇夫座**：天蝎座上方微弱的大星座，“天上的医师”：p38 ～ 39，p42，p43，p46 ～ 47，p52 ～ 53。

**射手座**：（拉丁语：人马座），黄道十二宫星座之一：p34，p42，p43，p46 ～ 47。

**狮子座**：黄道十二宫星座之一，一等星轩辕十四：p9，p11，

p12，p18，p19，p26 ～ 27，p28 ～ 29，p38 ～ 39，p44 ～ 45。

**十二星座**：按照在天空中的位置依次是：白羊座，金牛座，双子座，巨蟹座，狮子座，室女座，天秤座，天蝎座，射手座，摩羯座，水瓶座，双鱼座。

**室女座**：黄道十二宫星座之一，有一颗一等星角宿一，蓝色，距离地球 250 光年；p17，p22，p23，p38 ～ 39，p46 ～ 47。

**双鱼座**：黄道十二宫星座之一；p26 ～ 27，p28 ～ 29，p35，p44 ～ 45，p52 ～ 53。

**双子座**：黄道十二宫星座之一，有一颗一等星北河三和一颗二等星北河二；p12，p18，p19，p28 ～ 29，p36 ～ 37，p38 ～ 39，p50 ～ 51，p63。

**水瓶座**：黄道十二宫星座之一；p35，p46 ～ 47，p52 ～ 53。

**水星**：最小、距离太阳最近的行星；p55 ～ 59。

**太阳**：星球，太阳系的中心；p15，p56 ～ 59。

**太阳系**：包括太阳和它的八颗行星，以及它们的卫星，所有围绕着太阳旋转的小行星、彗星等；p57。

**天秤座**：黄道十二宫星座之一；p35，p38 ～ 39，p46 ～ 47。

**天顶**：在观察者正上方的天球点；p45。

**天鹅座**：一等星天津四；p20，p22，p23，p36 ～ 37，p44 ～ 45，p46 ～ 47，p50 ～ 51；它的五颗亮星形成了一个大大的十字架，就是著名的北十字座。

**天鸽座**：猎户座南方的小星座。

**天鹤座**：南天空的星座，在我国大多数地方只能看到部分；p53。

**天箭座**：（拉丁语中是箭矢的意思），靠近天鹰座头部的一个小星座；p46 ～ 47，p50 ～ 51，p52 ～ 53

**天津四**：天鹅座一等星，白色，距离地球 2600 光年；p20，p23，p33，p36 ～ 37，p44 ～ 45，p50 ～ 51，p65，p66。

**天狼星**：大犬座中的一等星，冬季夜空中最亮的恒星，蓝光，距离地球约 8.6 光年；p15，p16，p17，p19，p21，p28 ～ 29，p65，p66。由五颗星组成，天狼星、南河三、北河三、北河二、五车二，这五颗亮星在天空中组成一条巨弧，天狼星巨弧。很容易找到，而且有助于识别旁边的星座；p28 ～ 29，p66。

**天龙座**：北极星附近的星座；p26 ～ 27，p32，p33，p36 ～ 37，p44 ～ 45，p50 ～ 51。

**天猫座**：临近大熊座的微弱星座；p26 ～ 27，p36 ～ 37，p50 ～ 51。

**天琴座**：小星座，一等星织女星；p20，p21，p22，p23，p33，p36 ～ 37，p44 ～ 45，p50 ～ 51。

**天兔座**：在猎户座脚下的一个小星座；p28 ～ 29，p42，p43。

**天王星**：是太阳系由内往外数的第 7 颗行星；p56，p57，p59。

**天蝎座（拉丁语：毒）**：黄道十二宫星座之一；p28 ～ 29，p35，p38 ～ 39。

**天蝎座**：黄道十二宫星座之一，一等星心宿二；p17，p22，p23，p34，p38 ～ 39，p42，p43，p46 ～ 47，p62。

**天鹰座**：Aquila 拉丁语天鹰座。

**天鹰座**：夏季星座，一等星牵牛星；p20，p22，p23，p46 ～ 47，p52 ～ 53。

**土星**：第二大行星，有著名的“土星环”；p55 ～ 57，p59。

**纬度**：从赤道的某个位置向正北或正南，用度数表示的距离。你能看到哪些星星取决于你所在的纬度，因此纬度对观星者来说非常重要。在北纬 40 度（北京所在的纬度），大约天空的 1/9 总是在地平线以下，无法看到。这本书的图表是按照处在北纬 40 度设计的，因为人类主要聚居在这个纬度附近；p29，p33。

**乌鸦座**：靠近室女座；p38 ～ 39。

**五车二**：御夫座的一等星，淡黄色，距离地球 42 光年；p16，p19，p26 ～ 27，p28 ～ 29，p33，p36 ～ 37，p40，p44 ～ 45，p50 ～ 51。

**武仙座**：靠近天龙座头部的大星座，光芒微弱，以古希腊英雄命名；p36 ～ 37，p44 ～ 45，p46 ～ 47，p50 ～ 51。

**希腊语**：古希腊人也是伟大的天文学家。很多古希腊人给星星和星座取的名字被沿用了下来，astronomy（天文学）也是希腊语。

**夏季大三角**：织女星、牛郎星以及天津四——所有航海家都知道它。你所处的纬度可以在 7 月至次年 1 月看到它；p46，p47，p65。

**仙后座**：靠近北极星的星座，形状有时像“M”，有时像“W”；p26 ～ 27，p32，p33，p36 ～ 37，p40，p44 ～ 45，p50 ～ 51。

**仙女座**：以古代公主名字命名的重要星座；p26 ～ 27，p32，p40 ～ 41，p44 ～ 45，p50 ～ 51，p52 ～ 53。

**仙女座星云**：银河系的邻居星系，距离地球约 220 万光年；p41，p45，p50 ～ 51，p53。

**仙王座**：靠近北极星的星座；p26 ～ 27，p32，p33，p36 ～ 37，p40，p44 ～ 45，p50 ～ 51。

**小北斗七星**：或小熊座，虽然是个小星座但很重要，因为它包括北极星；p26 ～ 27，p32，p33，p36 ～ 37，p44 ～ 45，p50 ～ 51。

**小犬座**：小星座，一等星是南河三；p16，p28 ～ 29，p38 ～ 39，p42。

**小狮座**：小而光芒微弱的星座，靠近狮子座的头部；p26 ～ 27，p38 ～ 39，p44 ～ 45。

**小行星**：太阳系中有成千上万的微型小行星围绕着太阳公转。最大的一个，谷神星，直径 772 千米。但大多数小得多，直径 1.6 千米或者更小。它们主要在火星和木星之间的轨道运行，也有一些比火星更接近地球，这样的小行星将成为一个好空间站；p59，p63。

**小熊座**：参见小北斗七星。

**蝎虎座**：靠近仙后座的小星座；p26 ～ 27，p44 ～ 45，p50 ～ 51。

**心宿二**：天蝎座一等星，微红色，距离地球 550 光年；p17，p23，p46 ～ 47，p65，p66。

**星等**：表示星星的亮度，一等星比二等星亮，二等星比三等星亮，以此类推；p10。

**星宿一**：长蛇座二等星；p26 ～ 27，p38 ～ 39。

**星星**：天体。太阳也是一颗星星，我们能用裸眼看到的所有星星，都是巨大而炽热的气体星球，它们大部分比太阳大。还有许多星星比太阳小（甚至比木星还小），有些星球寒冷而黑暗，没有望远镜是看不到的。在我们的银河系，有 1000 多亿个星球，但是无论什么时候，即便在最好的状况下，我们能用裸眼也只能看到 2500 颗而已。

15 颗一等星：p21，p66。在夜空中最早出现；p39，p65。

恒星：除了行星之外，所有的星星都是恒星；p56。

星星的颜色：p17，p45。星星的颜色并不明显，稍微练习一下，你就能分辨它们的颜色了。

晨星，昏星：不是恒星而是行星。当破晓或者夜幕降临时，它低低地在地平线上闪耀。大多数时候是金星，但是火星、木星和土星也可以是晨昏星。

**星座**：一组星星形成固定的形状，并且有自己的名字；p7，p10，p24，p25。整个天空中共有 88 个星座，但是大概有 30 个无法在北半球中纬度（约北纬 40 度）看到。

**行星**：围绕太阳运行的天体。太阳有八大行星和数千个小行星，或许其他星星也有行星但是还没有被发现，天空中的行星看起来像恒星，其实并不是真正的恒星；p12，p55 ～ 59。

**行星年**：行星围绕太阳一周所花费的时间；p57 ～ 59。

**轩辕十四**：狮子座一等星，青白色，距离地球 80 光年；p11，p19，p28 ～ 29，p38 ～ 39，p65，p66。

**银河**：漂流在太空中的数千亿的恒星所形成的巨大星团，我们所在的太阳系以及能在太空中看到的所有星星都属于银河系。除银河系外，还有数千亿个星系；p50 ～ 53。

**英仙座**：以拯救安德罗墨达的古希腊英雄命名；p26 ～ 27，p28 ～ 29，p33，p36 ～ 37，p40，p44 ～ 45，p50 ～ 51，p52 ～ 53。

**御夫座**：拉丁语车夫。

**御夫座**：有一颗一等星五车二；p16，p18，p19，p26 ～ 27，p33，p36 ～ 37，p50 ～ 51。

**月亮**：地球的卫星，其他围绕行星运行的单个天体也叫卫星。月光明亮的夜晚不适合看星星，p54，p57，p59。

**运行轨道**：一个天体围绕另一个天体运动的路线，例如行星围绕太阳，卫星围绕一颗行星的轨迹。宇宙飞船也要围绕着太阳、地球等沿一定的轨道飞行……p57，p60 ～ 61。

**织女一（织女星）**：位于天琴座的一等星，青白色，距离地球 25 光年；p20，p21，p23，p33，p36 ～ 37，p44 ～ 45，p46 ～ 47，p50 ～ 51，p65，p66；是除太阳外第一颗被人类拍摄下来的恒星，拍摄于 1850 年。织女三角，是一个直角三角形，由织女星、天津四、牛郎星三颗一等星组成；织女三角非常有名，几乎所有的航海家都会用到它。不要和三角座混淆哦，三角座比较小也没那么重要；p46 ～ 47，p71。

**指极星**：位于北斗七星勺头的两颗星星，指向北极星；p31。它们在所有的星空图中都朝北。

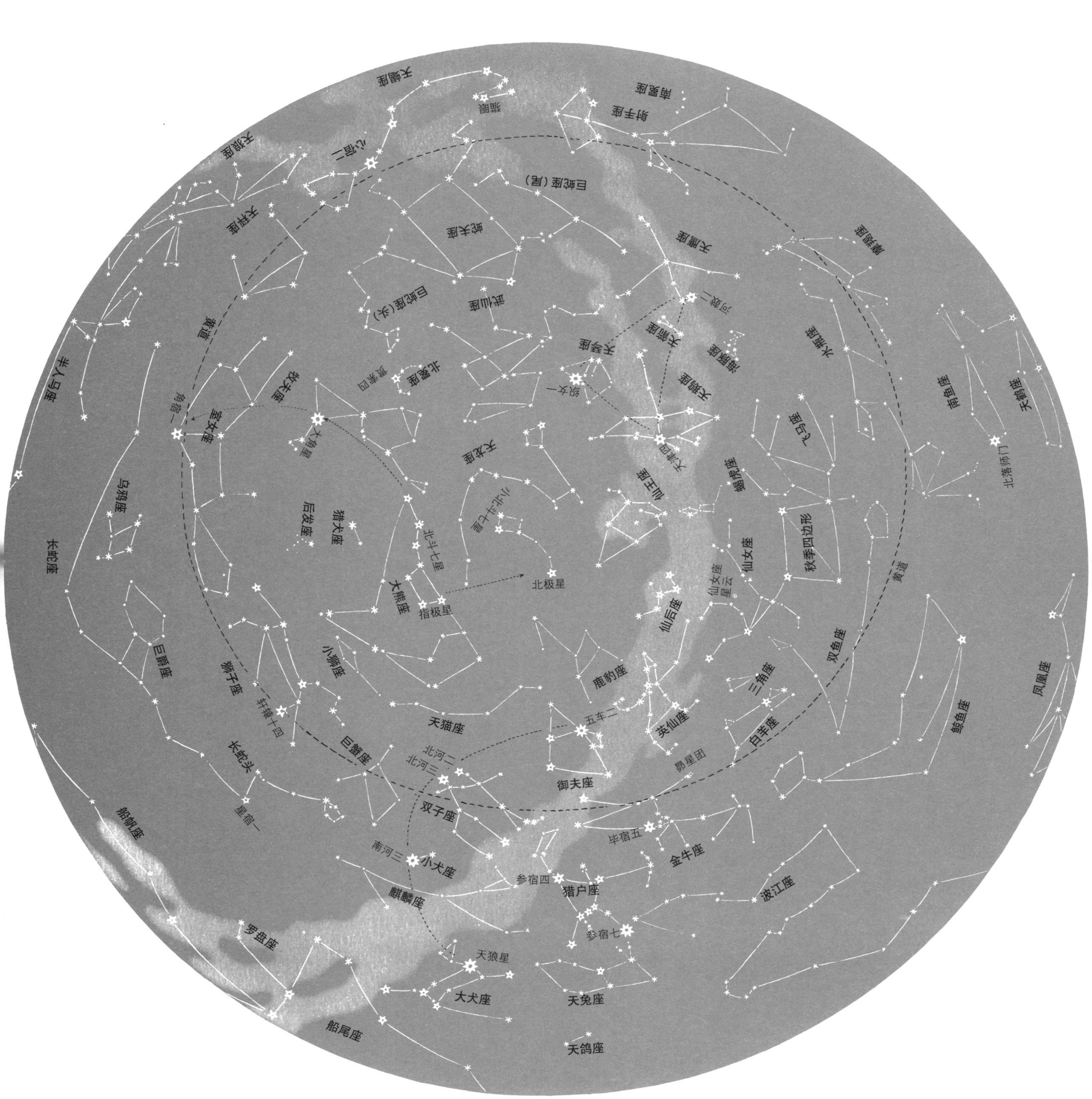


# 星空概图

本图展示了能在我国大部分地区看到的所有星座。同一时间并不能见到所有星座。根据月份和每晚时间的不同，有的星座可以在空中看见，有的星座可能在地平线以下，无法看到。星空图分别显示了不同时间出现在天空的星座。

图书在版编目(CIP)数据

星座，我们一起去发现／〔美〕雷著；尹楠译.—海口：南海出版公司，2015.10

ISBN 978-7-5442-7923-9

Ⅰ.①星… Ⅱ.①雷…②尹… Ⅲ.①星座－儿童读物 Ⅳ.①P151-49

中国版本图书馆CIP数据核字(2015)第198898号

著作权合同登记号 图字：30-2015-067



**星座，我们一起去发现**

〔美〕H.A.雷 著

尹楠 译

出　　版　南海出版公司　(0898)66568511
　　　　　海口市海秀中路51号星华大厦五楼　邮编 570206
发　　行　新经典发行有限公司
　　　　　电话(010)68423599　邮箱 editor@readinglife.com
经　　销　新华书店

责任编辑　崔莲花
特邀编辑　孙婧媛
装帧设计　段　然
内文制作　博远文化

印　　刷　北京中科印刷有限公司
开　　本　787毫米×1092毫米　1/8
印　　张　9
字　　数　50千
版　　次　2015年10月第1版
　　　　　2019年7月第4次印刷
书　　号　ISBN 978-7-5442-7923-9
定　　价　59.00元